职业院校电子电器应用与维修专业项目教程系列教材

新型空调器故障分析与维修
项目教程

孙立群　贺学金　主　编

电子工业出版社

Publishing House of Electronics Industry

北京·BEIJING

内 容 简 介

本书按照"模块教学、任务驱动"的形式编写，结合大量实物图片、实际操作图片循序渐进、由浅入深地介绍了空调器的工作原理、空调器安装、移机技术，以及典型故障的检修方法、检修流程和维修技巧，还介绍了空调器的维修规律和维修捷径，与其他空调器教材不同的是，本书还特别介绍了新型空调器电脑板的工作原理和故障检修技术。

本书内容深入浅出，通俗易懂，图文并茂，覆盖面广，具有较强的实用性和可操作性，可作为广大职业院校电子电器应用与维修、电子技术应用专业的教材，也可作为制冷设备维修培训班的教材。

图书在版编目（CIP）数据

新型空调器故障分析与维修项目教程/孙立群，贺学金主编. —北京：电子工业出版社，2014.2
职业院校电子电器应用与维修专业项目教程系列教材
ISBN 978-7-121-22459-1

Ⅰ. ①新⋯　Ⅱ. ①孙⋯ ②贺⋯　Ⅲ. ①空气调节器－故障诊断－教材②空气调节器－故障修复－教材
Ⅳ.①TM925.127

中国版本图书馆 CIP 数据核字（2014）第 023928 号

策划编辑：张　帆
责任编辑：张　帆
印　　刷：北京虎彩文化传播有限公司
装　　订：北京虎彩文化传播有限公司
出版发行：电子工业出版社
　　　　　北京市海淀区万寿路 173 信箱　邮编　100036
开　　本：787×1 092　1/16　印张：15.75　字数：403.2 千字
版　　次：2014 年 2 月第 1 版
印　　次：2024 年 8 月第 12 次印刷
定　　价：29.90 元

凡所购买电子工业出版社图书有缺损问题，请向购买书店调换。若书店售缺，请与本社发行部联系，联系及邮购电话：(010) 88254888，88258888。

质量投诉请发邮件至 zlts@phei.com.cn，盗版侵权举报请发邮件至 dbqq@phei.com.cn。

本书咨询联系方式：(010) 88254592，bain@phei.com.cn。

　　本书作为面向 21 世纪的职业教育规划教材，为了更好地贯彻职业教育"以就业为导向、以能力为本位、以学生为主体"的教学理念，按照教育部最新颁布的中等职业院校电子电器应用与维修、电子技术应用专业的要求编写，其中参考了有关行业的技能鉴定规范及中级技术工人等级考核标准，突出了本教材的特点。

1. 着重突出"以能力为本位"的职教特色

　　因为本教材的教学目标主要是培养中、高级空调器维修工，而不是从事产品设计与管理的人员，所以本书介绍的原理都是维修用得上的理论，而不介绍那些生僻的理论术语和复杂的量值计算，将教材的重点放在培养学生学习真本领上。在每一个项目的教学中，注意把知识的传授和能力培养结合起来，既做到理论指导实践，又突出学以致用的原则。

2. 突出"好学"的特点

　　本书根据职业院校学生的文化水平、接受能力，在理论知识讲解和故障分析时，尽量做到深入浅出、图文并茂，便于学生掌握。

3. 突出"实用"的特点

　　掌握安装、维修空调器故障技能是我们的教学目的，所以教程内容除了通过现场采集的照片，图文并茂地介绍了铜管切割、焊接、空调器打压、检漏、加注制冷剂等基本技能，还介绍了空调器的安装、移机、分解、清洗技能，并且突出介绍了空调器典型器件的原理与检测技能，制冷、电气、通风、电脑控制系统的常见故障检修方法。

4. 突出知识"新颖"的特点

　　由于空调器技术是发展最快的电子技术之一，许多新工艺、新技术、新器件迅速应用到空调器的生产中，这也就要求我们的教学内容不断更新，否则学生学到的就是陈旧、淘汰的知识。因此，我们除了介绍定频空调器的故障检修技能，还介绍变频空调器的故障检修技能；除了介绍制冷、电气系统的故障检修，还介绍了电脑板电路的故障检修技能，以便学生可以成为一名技能全面的空调器维修技师。

　　本书由孙立群、贺学金主编，参加本书编写的还有邹存宝、宿宇、李杰、赵宗军、陈鸿、刘众、傅靖博、李佳琦、杨玉波、张燕、王忠富、张国富、赵向东、王书强等。

作　者

2014 年 1 月 20 日

<<<<< CONTENTS

空调器基础知识

空调器是空气调节器的简称，它不仅外表美观大方，而且能够给用户的室内降温、加热（冷暖式）、除湿和净化空气，为人们创造舒适的生活、工作和学习环境。随着人们生活水平的日益提高，空调器正迅速走进千家万户。

任务1 了解空调器的分类与构成

知识1 按结构分类

空调器按结构分类可分为整体式和分体式两种。

1. 整体式空调器

整体式空调器主要包括窗式空调器、移动式空调器两大类。

（1）窗式空调器

窗式空调器是集制冷、通风、散热、控制系统于一体的整体式空调器，也是应用最多的整体式空调器。典型窗式空调器如图 1-1 所示。目前，此类空调器基本已淘汰。

（2）移动式空调器

移动式空调器与窗式空调器相比，最大的区别是可以移动。它的下面安装了 4 个可以滚动的脚轮，因此不用安装，可以根据需要在室内移动。典型移动式空调器如图 1-2 所示。

图 1-1　典型窗式空调器

图 1-2　典型移动式空调器

2. 分体式空调器

分体式空调器的制冷、散热、通风系统是分开安装的，主要由室内机和室外机两部分构成。分体式空调器主要包括壁挂式、落地式、吊顶式、嵌入式4大类。

（1）壁挂式空调器

壁挂式空调器是因为它的室内机挂在墙壁上而得名。壁挂式空调器的室内机不仅体积小，而且富有装饰性。典型壁挂式空调器的室内机如图 1-3 所示。典型壁挂式空调器的室外机如图 1-4 所示。

图 1-3　典型壁挂式空调器的室内机

图 1-4　典型壁挂式空调器的室外机

目前，国内的壁挂式空调器已生产了"一拖一"至"一拖六"多种类型的壁挂式空调器，即 1 台室外机可以与 1～6 台室内机组合使用。当然，所带的室内机越多则需要室外机的功率也越大。

（2）落地式空调器

落地式空调器是因为此类空调器的室内机不用安装，直接放到室内的地面上而得名。又因此类空调器的室内机的外形像一个衣柜，所以通常将落地式空调器的室内机称为柜机。由于落地式空调器的功率相对较大，所以此类空调器随着住宅面积的不断增大而越来越普及。典型落地式空调器的室内机如图 1-5 所示。而落地式空调器的室外机外形和壁挂式空调器室外机基本一样。

图 1-5　典型落地式空调器的室内机

（3）吊顶式空调器

吊顶式空调器是因为它的室内机吊到室内天花板上而得名。吊顶式空调器不仅节省空间，而且还富于装饰性。吊顶式空调器根据安装位置又分为普通吊顶式和墙角吊顶式两种。典型吊顶式空调器的室内机如图1-6所示。而吊顶式空调器的室外机外形和壁挂式空调器室外机基本一样。

图1-6 典型吊顶式空调器的室内机

（4）嵌入式空调器

嵌入式空调器和吊顶式空调器基本一样，但它是嵌入在天花板内。嵌入式空调器根据安装位置又分为1方向嵌入式、2方向嵌入式和4方向嵌入式3种。典型嵌入式空调器的室内机及其安装示意图如图1-7所示。而嵌入式空调器的室外机外形和壁挂式空调器室外机基本一样。

（a）嵌入式空调器室内机的实物外形　　　　　　（b）安装位置示意图

图1-7 典型嵌入式空调器的室内机

（5）"一拖多"组合式空调器

"一拖多"组合式空调器就是1台室外机带多台室内机。室内机可以有壁挂式、吊顶式、嵌入式等多种组合，如图1-8所示。

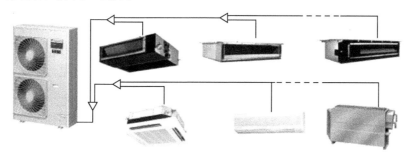

图1-8 "一拖多"组合式空调器

随着人们生活水平不断提高，住宅面积不断增大，并且空调器的价格也越来越低，窗式空调器已被淘汰，而壁挂、落地等分体式空调器越来越得到普及。

知识2 按基本功能分类

空调器按功能分类可分为单冷式和冷暖式两种。

1. 单冷式空调器

单冷式空调器仅能够将室内的热、湿空气转移到室外，实现降温、除湿功能。由于单冷式空调器具有价格、故障低等优点，所以在空调器市场仍有一定的占有量。

2. 冷暖式空调器

冷暖式空调器不仅在夏季为室内提供凉爽清新的空气，实现降温、除湿的功能，而且在冬季时可为室内加温取暖。随着技术的完善、成本的降低，冷暖型空调器将逐步取代单冷型空调器，成为空调器市场的主流产品。冷暖式空调器根据加热方式又分为热泵型、电加热辅助热泵型两种。

（1）热泵型空调器

热泵型空调器就是在单冷式空调器的基础上，安装了四通阀。通过四通阀对制冷系统进行控制，改变制冷剂的走向，实现室内、室外机的热交换器功能的切换，即制冷期间室外热交换器作为冷凝器进行散热，室内机的热交换器作为蒸发器进行吸热，制热期间室外热交换器作为蒸发器吸热，室内热交换器作为冷凝器进行散热。此类制热方式通常需要环境温度不能过低（通常要高于0℃）。

（2）电加热辅助热泵型空调器

电加热辅助热泵型空调器就是热泵型空调器的基础上安装辅助电加热器，利用电加热器和室内热交换器同时对室内冷空气进行加热，提高了制热能力，使该空调器能够在环境温度高于-7℃时也能够正常工作，即使低于-7℃也能制热，仅能力会有所降低，因此，目前的冷暖型空调器都采用了此类制热方式。

知识3 按制冷方式分类

空调器按制冷方式可分为气体压缩式、太阳能制冷式等多种。

1. 气体压缩式

气体压缩式空调器是利用压缩机驱动制冷剂在系统内蒸发时吸收室内热量，实现降温的目的。气体压缩式空调器具有技术成熟、制冷效果好、寿命长等优点，目前大部分空调器都采用此类制冷方式。

2. 太阳能制冷式

太阳能制冷式空调器收集太阳能后将容器内的氨从液体中蒸发出来，并在另一个容器内冷却后进入空调器的管道里，液态氨进入室内机的蒸发器后吸收室内的热量，实现降温的目的。因此，此类空调器不仅节能，而且无污染，所以是目前发展最快的产品之一。太阳能制冷式空调器如图1-9所示。

图 1-9　太阳能制冷式空调器

知识4　按采用的制冷剂分类

空调器按采用的制冷剂可分为有氟空调器和无氟空调器两种。其中，有氟空调器的制冷剂采用的制冷剂多为氟利昂 22（F22 或 R22）、混合工质 R502 等。无氟空调器采用的制冷剂多为 R407c、R410a。

知识5　按压缩机转速分类

空调器按压缩机转速可以分为定频和变频空调器两种。其中，定频空调器的压缩机转速始终固定；变频空调器的压缩机转速根据环境温度不同是可变的。

知识6　按供电方式分类

空调器按供电方式可分为单相电供电方式和三相电供电方式两种。小功率空调器的压缩机采用单相异步电机，所以多采用单相电供电方式。部分大功率的落地式空调器的压缩机采用三相异步电机，所以采用三相电供电方式。另外，变频空调器的压缩机不是由市电电压直接供电的，而是通过模块将市电电压变换为脉冲电压或直流电压后提供。

> 提示
>
> 我国的单相电的电压为 220V，频率为 50Hz。我国的三相电（3 根线都是火线）的电压为 380V，频率为 50Hz。目前，外国住宅采用的都是单相电供电方式，若采用两根供电，则一根线是零线，另一根线是火线，若采用 3 根线供电，则增加了一根地线。

知识7　按净化空气方法分类

按净化室内空气的方法可分为 7 种。

（1）采用活性炭除尘技术

此类空调器室内机的过滤网利用活性炭对空气中的微尘、异味进行过滤吸收，改善了室内空气质量。

（2）富氧膜式空调器

富氧膜式空调器采用了富氧膜技术，当空气的压力达到要求后，空气中的氧气通过富氧膜的速度比其他气体速度快，为室内提供了大量的氧气，提高了室内空气质量。

（3）采用冷触媒技术

此类空调器的室内机机内安装了低温吸附材料，在常温下就可对空气内的有害物质进行吸收、分解，完成室内空气的净化处理功能。由于这种低温材料不需要更换，所以使用寿命较长。

（4）采用光触媒技术

此类空调器的室内机机内安装的光触媒材料，它表面的化合物通过微弱的光合作用产生用于净化空气的气体。该气体不仅可吸收、分解空气中的氟、醛、有机酸等有害物质，而且有消毒灭菌的功能。不过，由于光触媒的表面被灰尘覆盖后，会影响净化效果，所以要定期清洗光触媒的表面。

（5）采用静电除尘技术

此类空调器室内机的过滤网采用了静电处理技术，对空气中的烟尘、花粉、化学物质等有害物质具有较强的清除作用。

（6）采用负离子分解技术

此类空调器的室内机机内安装了离子集尘器。离子集尘器产生的负离子不仅对室内空气中的细菌有灭杀作用，而且对空气中的烟尘、化学物质等有害物质具有较强的清除作用。因此，通过该技术使室内空气清新，从而提高了空气质量。不过，由于负离子易被异性电荷中和，影响了它的使用效果。

当离子集尘器上灰尘沉积到一定程度时，被室内机的微处理器识别后就会通过室内机显示屏显示清洗符号，提示用户清洗离子集尘器。

> **提 示**
>
> 离子集尘器是利用倍压整流电路（高压发生器）产生极高的脉冲电压，该脉冲电压对空气放电后，就会从空气中的氧气分解出大量的负离子，所以离子集尘器也就是负离子发生器。

（7）换新风技术

此类空调器室内机不仅可清除室内的烟尘、花粉、细菌、化学物质等有害物质，而且可将室内的污浊空气排出到室外，并且为室内提供大量的氧气，大大提高了室内空气的质量。

> **提 示**
>
> 所谓的换新风就是在柜机内部安装了换气扇，换气扇运转后，就会将室内污浊的空气通过排气管排到室外。而室外的新鲜空气在外界压力的作用下，通过进气管进入室内，实现了换新风的功能。

 熟悉空调器的构成、型号编制

知识 1 空调器的构成与功能

典型的制冷剂型空调器主要由制冷/制热系统、电气系统和通风系统三部分构成。

1. 制冷/制热系统

典型的制冷/制热系统由压缩机、四通阀、室外热交换器、干燥过滤器、毛细管、截止阀、管路、室内热交换器和制冷剂构成，热泵型空调器的构成如图1-10所示。

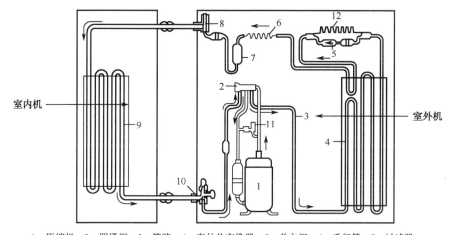

1—压缩机；2—四通阀；3—管路；4—室外热交换器；5—单向阀；6—毛细管；7—过滤器；
8—高压截止阀；9—室内热交换器；10—低压截止阀；11—双通电磁阀；12—毛细管

图1-10　热泵型空调器的构成

制冷剂是制冷/制热系统的血液，它的作用就是通过汽化、液化变化，完成制冷/制热功能。

压缩机是空调器制冷/制热系统的能量核心，它的作用就是驱动制冷剂在系统内流动。

四通阀用于切换制冷剂的流向，也就可以改变室内、室外机热交换器的功能，使室内热交换器在制冷期间的功能为蒸发器，在制热期间功能为冷凝器，同时使室外热交换器在制冷期间为冷凝器，在制热期间为蒸发器。

室外热交换器在制冷期间的作用是通过散热将制冷剂凝结为液体。

室内热交换器在制冷期间的作用是通过吸收室内空气的热量使制冷剂汽化。

毛细管的作用是改变或调节管路内制冷剂的压力。

管路（铜管或铝管）用于连接压缩机、蒸发器、冷凝器等器件。

高压、低压截止阀用于室内机、室外机和管路的连接。

干燥过滤器的作用就是吸收过滤管路内的水分、灰尘等杂质。

双通电磁阀（旁通电磁阀）的作用是在除湿期间，提高室内热交换器的温度，加强除湿效果。

2. 电气系统

空调器电气系统器件的主要作用：一是为制冷系统的压缩机供电使其运转，保证制冷/制热系统完成制冷/制热功能；二是为通风系统的室内、室外风扇电动机供电，使它们可以强制空气流动。

▶3. 通风系统

通风系统的作用就是强制空气流动的循环系统，不仅有利于热交换器完成热量交换，而且可以延长器件的使用寿命。

知识2 空调器的型号编制

空调器的编号特点对于选购和维修空调器是十分必要的。国产空调器的型号按CB/T 7725—1996 标准编制，一般由 8 部分组成，各部分的含义如图 1-11 所示。

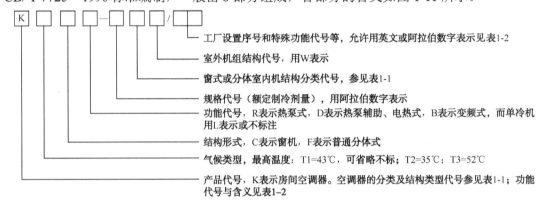

图 1-11 国产空调器型号编制

表 1-1 空调器的分类及结构类型代号与含义

代 号	C	F	W	L	G	T	D	Q
含 义	窗式空调器	分体式空调器	分体式空调器室外机	柜式/落地式	壁挂式	台式	吊顶式	嵌入式
				分体式空调器室内机				

表 1-2 空调器的功能代号与含义

功能代号	S	—	M	H	R1	R2
含 义	三相电电源	低静压风管	中静压风管	高静压风管	制冷剂为 R407c	制冷剂为 R410a
功能代号	BP	BDP	Y	J	Q	X	F
含 义	变频	直流变频	氧吧	高压静电集尘	加湿功能	换新风	负离子
注	特殊代号由工厂自行规定，因此本表仅作参考						

市场上的空调器种类繁多，产品不断更新换代，为了使读者更好地了解空调器型号编制特点，下面通过一些典型的空调器型号进行介绍。

KFR-26GW 型空调器，表示该空调器是热泵、分体式空调器，其制冷量为 2600W。

KFR-50LW 型空调器，表示该空调器是热泵、落地分体式空调器，其制冷量为 5000W。

KFR-2801GW/BP 型空调器，表示该空调器是热泵、壁挂分体式变频空调器，其制冷量为 2800W。

KFR-35GW/BP 型空调器，表示该空调器是热泵、壁挂分体式变频空调器，其制冷量为 3500W。

任务3 熟悉空调器铭牌的主要参数与选购方法

知识1 熟悉空调器铭牌的功能及主要参数

1. 功能

空调器室内机、室外机的外壳上都贴有一块铭牌，对空调器的供电范围、额定功率、制冷剂种类、制冷剂注入量、制冷量、制热量、循环风量、生产日期、编号等参数进行了详细的标注，每项参数均有指定含义，不仅为用户购买空调器提供帮助，而且能够帮助维修人员排除一些故障。典型的空调器铭牌如图1-12所示。

2. 主要参数

下面对铭牌上的主要参数进行介绍。

（1）额定功率

空调器的额定功率也称输入电功率、耗电功率，是指空调器在工作时所消耗的电功率，单位是瓦（W）或千瓦（kW）。

（a）室外机铭牌　　　　（b）室内机铭牌

图1-12　典型的空调器铭牌

（2）制冷量

空调器工作在制冷状态时，每小时从室内吸收的热量为空调器制冷量，单位是W。过去习惯用的制冷量单位是 kcal/h（大卡/小时），国外空调器则采用英热单位 Btu/h。这几种单位的换算关系是：1kW=1000W=860kcal/h；1kcal/h=1.16kW；1Btu/h=0.25kcal/h=0.293W。

 提示

虽然制冷量的单位 W 与空调器额定功率的单位 W 相同，但两者的含义却截然不同。比如，有一空调器的制冷量为 2800W，而它的输入电功率却不足 1000W。

另外，有的维修人员将用 HP（匹）用做制冷量的单位。该单位是一个俗称单位，由功率的单位"马力"演变来的，现在已停止使用。我们知道，1 马力等于 745.7W，但制冷量的 W 与 HP 不能这样换算。一般情况下，1 匹等于的制冷量大致范围是 2200～2600W。因此，许多维修人员将制冷量接近 2200W 的空调器俗称为小 1 匹，而将接近 2600W 的空调器俗称为大 1 匹。

（3）制热量

空调器工作在制热状态时，每小时为室内提供的热量为空调器的制热量，单位也是 W。

由于空调器铭牌上标注的制热量是在室内温度为 21℃，室外干球温度为 7℃、湿球温度为 6℃时测得的，所以当用户所在地区环境温度低于室外测定值，或室内温度高于室内温度测定值时，空调器的制热量会相应降低。

 提示

所谓的干球温度是指利用温度计测量空气温度时，它的球部在干燥状态下测得的温度值即为干球温度。所谓的湿球温度是指利用温度计测量空气温度时，它的球部包裹潮湿的棉纱状态下测得的温度值即为湿球温度。

（4）循环风量

循环风量是指空调器在进风门和排风门完全关闭的情况下，每小时流过蒸发器的风量，也就是为室内提供的风量。循环风量通常用 G 表示，单位是立方米/小时（m³/h）。

（5）除湿量

除湿量是指空调器工作在制冷状态时，室内的湿空气每小时被蒸发器凝结的冷凝水量，也就是每小时从室内排出的水分量。除湿量通常用 d 表示，单位是千克/小时（kg/h）或升/小时（L/h）。

（6）性能系数

空调器的性能系数也称能效比和制冷系数，是指空调器单位额定功率时的制冷量，即能量与制冷效率的比率。能效比通常用 EER 表示，它是"Energy and Efficiency Rate"的缩写。

（7）噪声指标

噪声指标是指空调器运行时产生噪声的大小，单位是分贝（dB）。

 提示

由于整体式空调器的压缩机、散热风扇都安装在室内，所以噪声大一些，为 54dB 左右。分体式空调器将压缩机、散热风扇安装的室外，所以噪声小一些，一般为 43dB 左右。而变频空调器因采用直流无刷电机，并且具有软启动功能，所以噪声更低。

（8）环境温度

空调器的工作环境温度也是一项重要参数。冷风型（单冷型）为 18～43℃，环境温度过高时不能正常制冷；热泵型为 0～43℃，低于 0℃时不能制热或制热效果差；电加热辅助热泵型为-7～43℃，低于-7℃时不能制热或制热效果差。

知识2　掌握选购空调器的技巧

选购空调器时除了要选购正规厂家的合格产品，还要注意以下事项。

▶ 1. 外观的选择

选择符合房间布局的颜色，而且还要检查空调器的铭牌和标志是否齐全，室内机和室外机的表面是否光滑平整、有无划痕、漆膜是否脱落，遥控器等附件是否完整无损。

▶ 2. 适应气候的选择

由于不同的空调器都只能在一定的环境温度下工作，所以应选择符合当地气候的空调器，以免空调器出现工作异常的现象。

▶ 3. 制冷量的选择

选择空调器制冷量大小时，除了要考虑房间的面积大小、保温性能、是否朝阳、是否装修过，还要考虑人口多少。

通常每平方米住宅面积需要的制冷量为 120～175W，而每个人需要的制冷量为 150W。这样面积为 15m^2 的住宅需要选择制冷量为 2200W 左右的空调器即可。

> **提　示**
>
> 由于空调器的实际制冷量比铭牌上标注的制冷量值要小 8% 左右，购买时要选择制冷量略大的产品。

> **注　意**
>
> 若购买的空调器的制冷量较小时，不仅制冷慢，而且降低空调器的使用寿命；若购买的空调器制冷量过大，则会产生不必要的浪费。

▶ 4. 功能的选择

选择空调器功能时，除了要考虑个人喜好，选择节能型空调器，还是绿色环保型空调器，还要考虑使用地区的地理环境，比如在冬季有集中供热等采暖设施的地区，购买时选择单冷型的空调器，仅用于夏季降温、除湿，而对于冬季没有集中供热采暖设施的地区，购买时要选择冷暖型空调器，不仅夏季时降温除湿，而且在冬季还可以供热。

▶ 5. 能效比的选择

选择空调器功能时，要购买能效比 EER 高的空调器。

提示

节能型空调器的能效比应大于或等于 3。目前，空调器铭牌上一般未标注能效比的数值，不过，该数值可通过制冷量和额定功率进行换算后得到，即能效比＝制冷量÷额定功率。比如，一台空调器的制冷量为 2500W，而它的额定功率为 820W，那它的能效比为 2500÷820=3.04。

▶6. 耗电量的选择

耗电量是使用空调器的主要费用，所以选择耗电量越低的空调器不仅意味着省钱，而且还节约了能源。因此购买空调器最好选择超级节能型产品。

任务4 了解空调器常用制冷剂的性能

知识1 熟悉空调器对制冷剂性能要求

制冷剂就是空调器的血液，它是一种化学物质，它在制冷系统中的变化是物理变化，只起吸热和排热的作用，本身性质并不改变，如果制冷系统未发生泄漏，制冷剂是不损耗的，可长期循环使用，只有在发生泄漏后才需要加注。对制冷剂的性能要求如下：

一是制冷剂的正常汽化温度（沸点）要足够低，以满足冷却量的要求；二是要求制冷剂在蒸发器中的压力要高于大气压，在冷凝器中的压力尽可能低；三是制冷剂单位容积的产冷量尽可能大，热导效率要高；四是制冷剂应较易溶于压缩机的冷冻油中；五是制冷剂的比重和黏度应尽可能小，以保证制冷剂循环流动时流畅；六是它的渗透能力必须极低，一旦发生渗漏，应容易查找；七是制冷剂的化学性质应保持稳定，并且在高温下应不易分解；八是应无毒、无异味。

知识2 熟悉制冷剂的种类和特性

空调器采用的制冷剂分有氟和无氟两类，有氟制冷剂常见型号是 R12、R22，无氟制冷剂常见型号是 R407c、R410a 等。下面简单介绍它们的特性。

（1）R12 的特性

制冷剂 R12 是甲烷的衍生物，它无色、无味、无毒、不燃烧、不爆炸、不易溶于水，并且未含酸性物质。它属于中压制冷剂，在一个标准大气压下沸点为-29.8℃，凝固点为-155℃，制冷性能好。

注 意

若 R12 在空气中的浓度超过 20% 就会感觉到异味，若浓度超过 80% 会引起窒息，并且在温度超过 400℃后，遇到明火可能会产生有毒的物质。另外，当维修制冷系统不当导致制冷系统进入了少量水，当制冷剂经毛细管节流时，温度下降，就会导致部分水结成冰块，堵塞毛细管，发生冰堵故障。另外，R12 容易渗漏，所以对铸件质量和系统性能要求较高。因此，目前的空调器已不使用该制冷剂。

（2）制冷剂 R22

R22 的标准蒸发温度为-40.8℃，蒸发压力为 0.625MPa，凝固温度为-160℃，冷凝压力一般不超过 1.6MPa，使用范围为-50～10℃。

R22 和 R12 一样，它也无色、无味、无毒、不燃烧、不爆炸，但它的流动性和融水性比 R12 好。

R22 化学性质没有 R12 稳定，分子极性比 R12 大，对有机物的膨胀作用更强。它的泄漏性和 R12 基本相同。

（3）无氟制冷剂 R407c

它属于非共性混合工质制冷剂，由 R32、R125、R134a 3 种制冷剂混合而成，3 种成分的比例为 23%、25%、52%。R407c 的标准蒸发温度为-43.8℃，蒸发压力为 0.499MPa，冷凝压力为 2.12MPa，排气温度为 67.4℃，它的制冷能力为 2947kJ/m³，它的制热能力为 3762kJ/m³。

（4）无氟制冷剂 R410a

R410a 是由 R32、R125 这两种制冷剂混合而成，成分的比例各为 50%。R407c 的标准蒸发温度为-51.6℃，蒸发压力为 0.804MPa，冷凝压力为 3.06MPa，排气温度为 72.5℃，它的制冷能力为 4190kJ/m³，它的制热能力为 5326kJ/m³。

思 考 题

1. 简述空调器的作用。
2. 空调器可以分为哪些类？常用的是哪类？
3. 空调器由哪几部分构成？各部分功能是什么？
4. 空调器的型号命名规则有哪些？
5. 选购空调器有哪些技巧？
6. 空调器都采用哪种制冷剂？有什么特点？

空调器检修、安装常用工具、仪器及基本维修技能

任务1 熟悉空调器的安装、检修工具

安装空调器时除了需要常规的安装工具外，还需要的安装工具主要有胀管器、扩口器、维修阀、压力表、加液管、气焊设备、制冷剂钢瓶等。

知识1 空调器使用的普通工具

1. 扳手

安装、检修空调器时一般需要"活络"扳手、"开口"扳手、"梅花"扳手、"内六角"扳手、套筒扳手，它们的实物外形如图2-1所示。

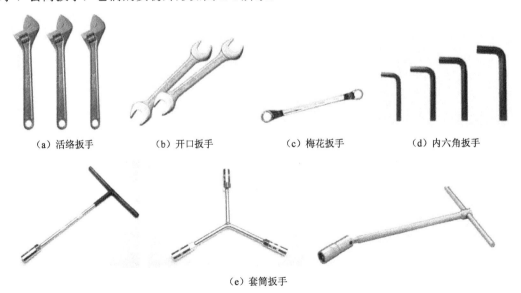

（a）活络扳手　　　（b）开口扳手　　　（c）梅花扳手　　　（d）内六角扳手

（e）套筒扳手

图2-1　安装、检修空调器所需要的扳手

2. 螺丝刀

安装、检修空调器时一般需要准备大、中两种规格的"+"和"-"字带磁螺丝刀（也叫改锥），这样在维修时，能松动和紧固各种圆头或平头螺钉。常见的螺丝刀实物外形如图 2-2 所示。

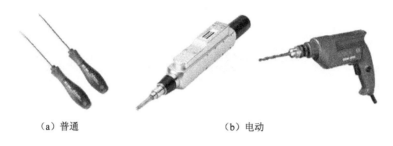

（a）普通   （b）电动

图 2-2 螺丝刀

3. 尖嘴钳、偏嘴钳、克丝钳

尖嘴钳采用尖嘴结构、便于夹捏，所以它主要用于夹持或弯制较小的导线等；偏嘴钳（也叫斜口钳、偏口钳）和克丝钳（也叫钢丝钳）用来剪断电源线等。它们的实物外形如图 2-3 所示。

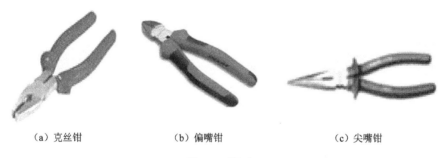

（a）克丝钳   （b）偏嘴钳   （c）尖嘴钳

图 2-3 钳子

4. 毛刷

毛刷主要用于清扫灰尘或清洗空调时用它沾洗涤剂水或空调专用清洗液。毛刷的实物外形如图 2-4 所示。

图 2-4 毛刷

知识2　空调器使用的专用工具

1. 割管刀

割管刀也叫管刀、切管器，用于切割空调器使用的不同管径的铜管，常见的割管刀如图 2-5 所示。

图 2-5　常见的割管刀

2. 胀管器和扩口器

胀管器、扩口器的功能就是将铜管的端口部分的内径胀大成杯形状或 60° 喇叭口状，其中杯形状用于相同管径的铜管插入，经这样对接后的两根铜管才能焊接牢固，并且不容易发生泄漏。而 60° 喇叭口状用于同压力表等设备连接，常见的胀管器和扩口器如图 2-6 所示。

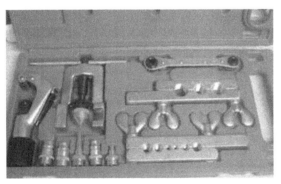

图 2-6　常见的胀管器和扩口器

3. 三通维修阀

三通维修阀也叫三通修理阀，简称维修阀或修理阀，它主要的作用是将空调器的制冷系统与压力表、真空泵、制冷剂瓶、氮气瓶等维修设备进行连接，并对维修设备起切换作用。常见的维修阀如图 2-7 所示。

维修阀的上管口有内螺纹，可安装压力表。而它的下管口连接真空泵等维修设备，侧管口连接制冷系统。转动手柄可打开或关闭阀门，并且还可以控制阀门打开的程度。阀门打开时接通的是下管口与侧管口，维阀门关闭时将下管口和侧管口切断。而上管口和下管口不受阀门的控制，始终是接通的。这样，制冷系统与压力表始终相通，随时可监测系统内的压力，而通过阀门的控制可为系统加注氮气或制冷剂。

图 2-7 三通维修阀

4. 加液管

空调器维修使用的加注制冷剂、抽真空使用的软管，通常被称为加液管。维修空调器使用的加液管有两种：一种是软管两端安装的都是公制接头；另一种是一端安装的是公制接头，另一端安装的是英制接头。空调器使用的典型加液管如图 2-8 所示。

图 2-8 空调器的加液管

5. 气焊设备

气焊设备主要具用于制冷管路之间的连接与拆卸。常见的气焊设备有氧气-乙炔焊接设备、氧气-液化气焊设备、便携式气焊设备三种，而维修人员多采用便携式气焊设备。常见的便携式气焊设备如图 2-9 所示。

图 2-9 常见的便携式气焊设备

6. 焊条与助焊剂

焊条是焊接制冷管路的材料。目前空调器维修使用的焊条主要是铜银焊条。铜银焊条的实物如图 2-10 所示。

▶ 7．制冷剂瓶

制冷剂瓶就是存储制冷剂的钢瓶。常用的制冷剂瓶的热量为 3～40kg，实物外形如图 2-11 所示。

图 2-10　焊条

图 2-11　制冷剂瓶

▶ 8．氮气瓶

氮气瓶就是存储氮气的钢瓶。以便在维修制冷系统时，对其进行打压查漏和制冷系统冲洗。氮气瓶配有减压阀、输气管，如图 2-12 所示。

▶ 9．真空泵

空调器的制冷系统中不允许存在不凝性气体和水分。而空气和打压用的氮气属于不凝性气体，所以为制冷系统加注制冷剂前必须对它进行抽真空操作。普通维修部分通常备用小型真空泵，它是专门用于空调器、电冰箱、冰柜等制冷设备的抽真空设备，具有抽空速度快、效果好等优点，但也有价格高的缺点。常见的小型真空泵如图 2-13 所示。

图 2-12　氮气瓶　　　　　　　　　图 2-13　常见的小型真空泵

> **提　示**
>
> 由于携带真空泵上门维修空调器也不方便，再者空调器制冷系统对真空度的要求也没有电冰箱那么严格，维修人员普遍采用空调器压缩机自排抽空或自制真空泵（压缩机改装）抽空的方法，所以一般不再购买真空泵。

▶ 10．冲击钻

冲击钻配上相应钻头可以在不同的物质上进行钻孔。冲击钻比普通电钻多出一定的振动钻孔能力，更适合在混凝土、石材等上面进行钻孔。冲击钻的好处就是冲击力小，避免了对易碎材料的破坏。典型的冲击钻和钻头如图 2-14 所示。

图 2-14 典型的冲击钻和钻头

11. 空心钻

空心钻俗称水钻，它主要是用于安装空调器时打墙孔的特殊电钻。典型的空心钻如图 2-15 所示。

图 2-15 典型的空心钻

12. 水平尺

水平尺是用于安装空调器时对室内机、室外机水平度进行测量、校正的工具，确保它们安装后平稳、不倾斜，将空调器的噪声降到最低。典型的水平尺如图 2-16 所示。

图 2-16 典型的水平尺

13. 锤子

锤子是用于敲击的工具，安装维修空调器主要有铁锤和橡皮锤两种，如图 2-17 所示。其中，铁锤主要用于强力的敲击，如在安装空调器时敲打膨胀螺栓；橡皮锤主要用于柔和的敲击，如在怀疑压缩机卡缸时敲打压缩机。橡皮锤也可以有铁锤柔和的敲击功能。

（a）铁锤   （b）橡皮锤

图 2-17 锤子

14. 安全带

安全带是在楼房安装空调器室外机时防止从高空坠落的保护性工具。通常采用电工用安全带即可,典型的安全带如图2-18所示。

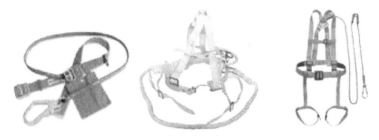

图 2-18　典型的安全带

15. 盒尺

盒尺是用于测量尺寸的工具,主要用于安装空调器时测量安装尺寸。典型的盒尺如图2-19所示。

图 2-19　典型的盒尺

另外,检修、安装空调器还需要准备小镜子、绝缘胶布、AB胶、锉刀等工具。

任务2　熟悉安装、检修空调器的仪器、仪表

1. 压力表

压力表全称真空压力表,将它接到压缩机工艺管口或制冷管路其他管口,就可监测制冷系统内压力的大小,以便于抽空、打压和加注制冷剂。常见的压力表如图2-20所示。压力表与维修阀连接后如图2-21所示。

图 2-20　常见的压力表

图 2-21 压力表与三通维修阀连接示意图

2. 复合维修阀、压力表组件

复合维修阀、压力表组件俗称复合压力表，就是将一块低压压力表、一块高压压力表、加液管组合在一起，这样在维修空调器时，更容易与空调器的室外机的截止阀、制冷剂钢瓶等连接。常见的复合维修阀、压力表组件如图 2-22 所示。

图 2-22 常见的复合维修阀、压力表组件

3. 万用表

常见的指针万用表和数字万用表，它们的实物外形如图 2-23 所示。

（a）指针万用表　　　　　　　　　　　　（b）数字万用表

图 2-23 万用表

（1）指针式万用表

指针式万用表具有指示直观、测量速度快等优点，但它的输入阻抗相对较小，测量误差相对交流 较大，通常用于测量交流电压、电流及电阻值，并可通过观察表头指针的摆动情况来判断电压、电流的变化范围。

> **！注意**
>
> 一是由于指针万用表的表头由机械零件构成，所以使用时尽可能的不要碰撞、震动，以免损坏；二是由于指针式万用表的保护性能差，所以使用时要选择好挡位，以免因用错挡位而损坏，测量市电电压时应选择 250V 以上挡位；三是采用电阻挡测电容时需要将电容存储的电压放掉后测量，以免万用表被过压损坏；测试完毕后，应将万用表置于空挡或最大交流挡。

（2）数字万用表

数字万用表具有输入阻抗高、误差小、读数准确、直观等优点，但显示速度相对指针万用表慢一些，一般用于测量电压、电流值。

> **！注意**
>
> 对于没有自动关机功能的数字万用表，在使用完毕后必须关闭电源。

> **提示**
>
> 目前，数字万用表和新型的指针万用表都具有"短路"鸣叫报警功能，维修时利用该功能测量线路通、断比较直观方便。

5. 钳形表

钳形表用来测量压缩机、风扇电机启动和运行电流的工具。常见的钳形表如图 2-24 所示。

> **提示**
>
> 测试电流时，只能卡住一根电源线，否则无法测出数据。若使用的钳形表具有电压测试功能，那就可以和万用表一样进行电压测量，更方便实用。

6. 温度计

温度计用于检测室内机出风口、压缩机表面、热交换器表面温度的仪器，由于电子温度计具有携带方便、测量精度高等优点，所以目前维修空调器、电冰箱等制冷设备时多采用此类温度计，常见的电子温度计如图 2-25 所示。

7. 兆欧表

兆欧表主要用于测量压缩机、风扇电机的绝缘电阻，以免发生漏电事故。常用的是 0～500MΩ/500V 型兆欧表，如图 2-26 所示。

图 2-24　钳形电流表　　　　　　　　图 2-25　电子温度计

> **提 示**
>
> 维修时若没有兆欧表，维修时也可以采用万用表的最大电阻挡进行绝缘电阻的测试。

8. 检漏仪

电子检漏仪主要用于检测制冷系统的泄漏部位的工具。常见的检漏仪如图 2-27 所示。

图 2-26　兆欧表　　　　　　　　　图 2-27　电子检漏仪

> **提 示**
>
> 有经验的维修人员很少采用检漏仪来查找泄漏点，而采用查看油渍和气泡的方法进行查找。

9. 便携式充氟机

便携式充氟机主要用于上门维修空调器、电冰箱、冰柜等小型制冷设备。有手推车式和手提式两种，如图 2-28 所示。

图 2-28　便携式充氟机

任务3 掌握安装、检修空调器的基本技能

由于大部分制冷行业的从业人员不仅需要检修空调故障，还需要为厂家或经销商安装空调器，为了保证安装、检修工作的安全、快速完成，需要掌握铜管切割、胀口、扩口、焊接，以及为空调器系统抽空、打压、加注制冷剂等基本操作技能。

技能1 铜管的切割

在切割空调器使用的铜管时，不允许使用钢锯进行切割，以免金属碎屑进入制冷系统内部，产生脏堵等故障。因此，维修时必须采用割管刀对铜管进行切割。

1. 切割方法

采用小型割管刀切割制冷系统的铜管时，第一步，应先把需要切割的部位弄直，并将它的表面处理干净后，再旋转切管刀的手柄使管口夹住铜管的切割部位，如图2-29（a）所示；第二步，顺时针均匀平缓的旋转割管刀至1～2圈后，如图2-29（b）所示；第三步，再将割管刀手柄适当旋紧以保证割管刀夹紧铜管，如图2-29（c）所示；第四步，铜管将被切断时停止，撤去割管刀，掰断铜管，如图2-29（d）所示。当然，也可以用割管刀直接将铜管割断，但在铜管要被割断时，用力要减轻，以免管口变形。

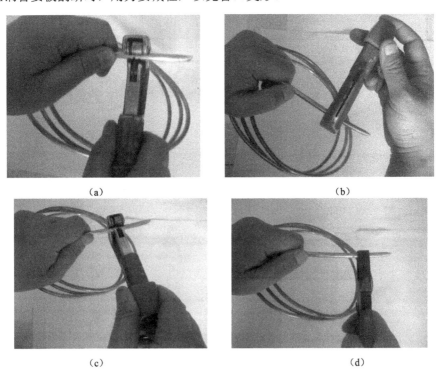

（a）　　　　　　　　　　　　　（b）

（c）　　　　　　　　　　　　　（d）

图2-29　铜管的切割

▶2. 管口修整

若切割的铜管的端口内有毛刺，可将割管刀上的刮刀（铰刀）插入管口，旋转割管刀就可以将毛刺刮掉，倒出即可，如图 2-30（a）所示；若手头使用的割管刀上没有刮刀，可将尖嘴钳子或十字螺丝刀的头部插入管口内，旋转钳子，刮掉毛刺或胀开内缩的部位，倒出即可，如图 2-30（b）所示。

> **！注意**
>
> 切割过程中需注意几点：一是刀轮与刀口，刀片与铜管一定要垂直，以免损坏刀片；二是不能用力过大，以免将铜管压扁、变形；三是不能产生金属碎屑，以免进入制冷系统，扩大故障；四是不能用力过大，确保切割后的管口圆滑、平整，尽可能避免管口内缩。

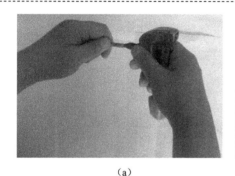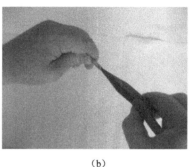

（a）   （b）

图 2-30　铜管管口的修整

技能 2　铜管的胀口、扩口

若将切割后的铜管与原机所配的连接管或截止阀等器件进行连接时，需要对铜管的管口进行胀口和扩口。用小型"公制"扩口器把把铜管的管口胀为"杯形"或扩为 60°喇叭状，以便于两个相同直径的铜管连接，或铜管与截止阀、压力表管口连接。胀口、扩口前，需要清除管口上的毛刺，再根据铜管口直径及扩口形状选择，选择相应的胀头。

（1）胀口

第一步，取出夹管器、与铜管直径一致的杯形胀管头、丝杆及其支架，如图 2-31（a）所示；第二步，先用夹管器夹紧铜管，铜管要伸出约 10mm，如图 2-31（b）所示；第三步，将与铜管直径一致的杯形胀头安装到胀杆上，如图 2-31（c）所示；第四步，将支架安装在夹管器上，把管头插入铜管内，然后顺时针慢慢旋转胀杆，如图 2-31（d）所示，直到将管口胀为杯形为止，如图 2-31（e）所示；第五步，取下胀管器后，查看所胀的管口是否正常，如图 2-31（f）所示，若出现偏口、歪斜等异常现象，则需要重新胀口；第六步，确认胀口正常后，将它与相同管径的铜管进行插接，如果可以完全对接，说明胀口符合要求，如图 2-31（g）所示。

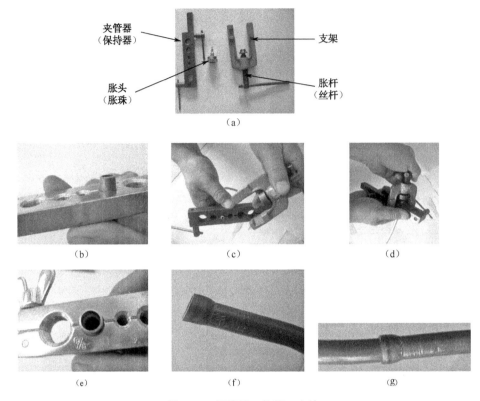

（a）

（b）　　　　　　　　（c）　　　　　　　　（d）

（e）　　　　　　　　（f）　　　　　　　　（g）

图 2-31　铜管管口的胀口方法

（2）扩口

第一步，用刮刀将需要扩口的管口外侧毛刺清理干净，如图 2-32（a）所示；第二步，用刮刀将需要扩口的管口内侧的毛刺清理干净，如图 2-32（b）所示；第三步，取出夹管器与扩管器的支架，如图 2-32（c）所示；第四步，用夹管器将铜管夹紧，预留的铜管长度仅为 2mm，如图 2-32（d）所示；第五步，为丝杆安装喇叭状胀头，并将支架安装到夹管器上，如图 2-32（e）所示；第六步，顺时针旋转丝杆上的把手，如图 2-32（f）所示；扩出的喇叭口应大小适中、均匀，并且口内的表面无损伤、无凹陷，不能歪斜，如图 2-32（g）、（h）所示。若扩口扩小了，与另一管路连接时密封不好；若扩口扩大了，不仅密封不好，而且可能会导致管口破裂。

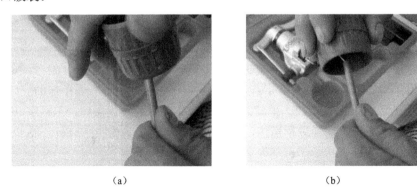

（a）　　　　　　　　　　　　（b）

图 2-32　铜管管口扩口方法

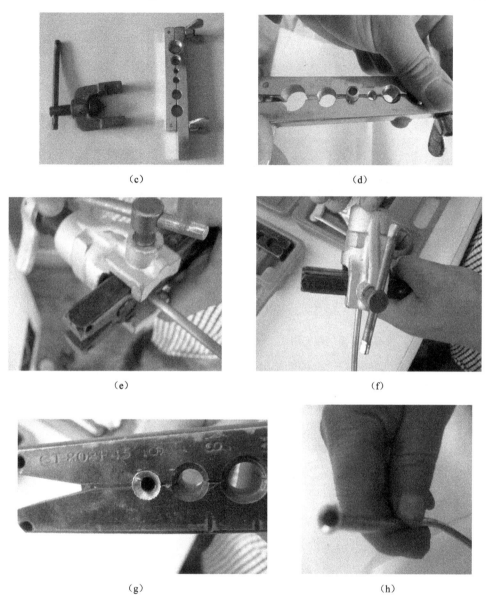

（c）

（d）

（e）

（f）

（g）

（h）

图2-32 铜管管口扩口方法（续）

技能3 焊具的使用

（1）氧气-乙炔/煤气焊接设备的构成与使用

气焊设备由氧气瓶、乙炔瓶、连接软管和焊枪构成。氧气瓶内装氧气，它的顶部装有阀门和压力表，通过连接软管与焊枪相连，如图2-33所示。乙炔瓶内装有乙炔或石油液化气，它的顶部也有阀门，通过连接软管与焊枪相连，如图2-34所示。

> **注 意**
>
> 乙炔瓶和氧气瓶应放置在阴凉处，并且要远离火源（包括焊接时的火焰），以防爆炸。未进行焊接操作时，不能打开顶部的总阀门，以免漏气造成空气中乙炔含量过大，遇有明火引起火灾。

图 2-33　氧气瓶实物

图 2-34　乙炔瓶实物

焊枪的构成如图 2-35 所示，焊枪的手柄端有两个端口，上面的是乙炔输入口，下面的是氧气输入口。手柄上有两个阀门，分别用来调节乙炔和氧气的流量。在焊接过程，旋转阀门时就可改变火焰的强度，从而实现最佳焊接温度的调节。焊枪应安装最小号的焊枪嘴。

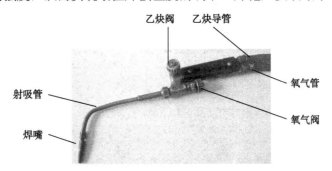

图 2-35　焊枪的构成

气焊火焰的点燃方法如图 2-36 所示，第一步，打开氧气瓶的总阀门，观察压力表指示为 0.2MPa；第二步，打开乙炔瓶的阀门；第三步，一只手拿住焊枪，旋转（一般拧 1/4～1/2 圈）焊枪的乙炔阀，感觉到有气体流出后，用另一只手将打火机或火柴在焊枪嘴下部约 5cm 处点燃乙炔，在焊枪嘴处形成火焰；第四步，旋转氧气阀，为火焰增加氧气，使火焰达到满意为止。

气焊使用完毕后，应先关闭焊枪上的氧气阀，然后再关闭焊枪上的乙炔阀。顺序不能弄反，否则会出现回火现象。如长时间不使用气焊，还应关闭乙炔瓶、氧气瓶的阀门。

（2）火焰特点

氧气、乙炔（石油液化气）火焰因氧气、乙炔含量的比例不同，分碳化焰、中性焰和氧化焰三种，如图 2-37 所示。

图 2-36　气焊火焰的点燃方法

① 中性焰

中性焰的特点是氧气、乙炔的含量适中，此时乙炔可充分燃烧。如图 2-38（a）所示，中性火焰有焰心、内火、外火三层，三层界限分明。其中，焰心呈尖锥状，色白且明亮；内焰为蓝白色，呈杏核状；外焰从里向外逐渐由淡紫色变为橙色。中性焰的温度为 3100℃左右，适合铜管与铜管、钢管与钢管的焊接。因此，焊接空调器制冷管路时应多采用中性火焰。

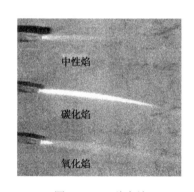

图 2-37　三种火焰

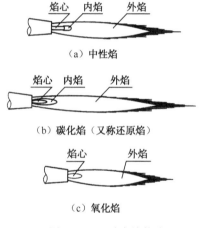

图 2-38　三种火焰构成

② 碳化焰

碳化焰的特点是氧气量低于乙炔量，乙炔不能充分燃烧。碳化焰的焰心为白色；内焰过长，并且颜色模糊发白；外焰为淡黄色，如图 2-38（b）所示。碳化焰的温度为 2500℃左右，适合铜管与钢管的焊接。

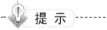　提　示

　若需要将碳化焰变为中性焰，可通过增大氧气量来实现，有时需要通过减少乙炔量来实现。

③ 氧化焰

氧化焰的特点是乙炔量不足。氧化焰几乎没有内焰，只有焰心和外焰，焰心呈白色，外焰为淡白色，如图 2-38（c）所示。氧化焰的温度为 2900℃左右，适合铜管与铜管、钢管与钢管的焊接，但由于氧化焰会使金属氧化，所以维修时尽可能不使用。

> **提 示**
>
> 　　若需要将氧化焰变为中性焰，可通过增大乙炔量来实现，有时需要通过减少氧气量来实现。

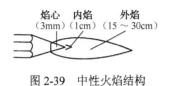

焰心　　内焰　　外焰
（3mm）（1cm）（15～30cm）

图2-39　中性火焰结构

（3）火焰的调节

　　使用时，需要根据焊接管路的粗细对火焰进行调节。如图2-39所示，焊接空调器管路的火焰大小一般调到图中标注的尺寸即可。当焊接粗管路时火焰略大些，但应保证平直稳定，火焰窜动并伴有"呼噜"声，说明火焰过长；焊接毛细管等细管路时，火焰要略小些。

> **提 示**
>
> 　　调节时，要注意火焰的焰心和内焰长度基本不变，只调节外焰的长度。

（4）气焊设备使用的注意事项

　　一是乙炔瓶、氧气瓶不得放置于阳光直射的地方或火源、热源附近，而应放置于阴凉通风干燥处；二是两根连接软管无破损，以免泄漏氧气或乙炔（或石油液化气）而可能发生火灾或爆炸事故；三是不得用扳手转动氧气瓶的安全阀，在使用过程中如果发现压力调节器损坏，应立即停止使用，并在关闭氧气瓶总阀门后更换；四是确保连接软管和氧气瓶上无油污，以免发生火灾等事故；五是确认周围无易燃易爆物品，以免发生火灾、爆炸事故；六是确保制冷管路内无制冷剂的情况下对管路进行焊接，以免产生有毒气体；七是在焊接过程中，要注意焊枪火焰不要烤到空调器其他部位，必要时用铁板隔开；八是焊接时注意被加热部位的温度，以免焊堵、焊化管路；九是焊接制冷管路时要一气呵成，并且在焊接前，要把所有焊接部位清理干净，将管路插接好，然后依次焊接。

技能 4　铜管的焊接

　　铜管与铜管焊接时需采用银焊条，并且不需要助焊剂。因银焊条流动性强，所以不要把铜管烧得过热，否则银焊条就会流入铜管内部，严重时会引起焊堵故障。焊条不能直接接触火焰，放置在火焰所加热部位的侧面，焊接时要先焊难焊的部位，如管路的背部。

▶ 1. 相同管径的铜管焊接

　　同管径的铜管焊接时，第一步，先把其中的一个管口扩为杯形状，随后插接到一起，如图 2-40（a）所示；第二步，一只手拿银焊条，另一只手拿焊枪，用大小适中的中性焰为需要焊接的部位加热，如图 2-40（b）所示；第三步，待加热部位被加热至暗红，且鱼磷状闪烁时，放置焊条并移动，待焊条熔化后流入杯形管的缝隙，如图 2-40（c）所示；移开火焰，检查焊接处（焊口）应饱满、圆滑，如图 2-40（d）所示。若焊口不圆滑，说明加热温度低；若焊口的铜管被焊漏，说明火焰的温度过高；若焊口有缝隙，说明焊料不足，需要补焊。

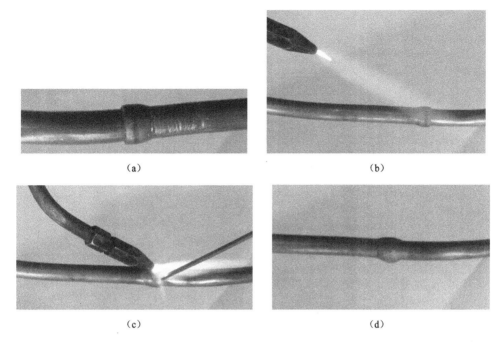

(a)   (b)

(c)   (d)

图 2-40 相同管径铜管的焊接

▶ 2. 不同管径的铜管焊接

不同管径的铜管焊接如图 2-41 所示，细铜管的管口应插入粗铜管管口 12mm 左右。插入太短，不但影响管路强度，而且焊料容易流进管路内部，形成焊堵故障；若插入太长，浪费材料。同时还要求插入后，两管的间隙要合适，若间隙过小，焊料不能流入缝隙，只能焊附在接口外面，强度差，易开裂，容易引起泄漏；间隙过大，焊料易流入管路内部，堵塞管路，产生焊堵。

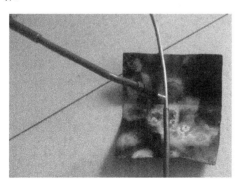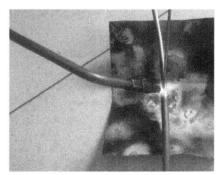

图 2-41 不同管径的铜管焊接

毛细管与干燥过滤器的焊接如图 2-42 所示，焊接毛细管与干燥过滤器时，也要将毛细管插入干燥过滤器 15mm。若插入过深，且易穿透过滤网，导致过滤器报废；若插入过浅，容易产生泄漏故障。实际焊接如图 2-43 所示。

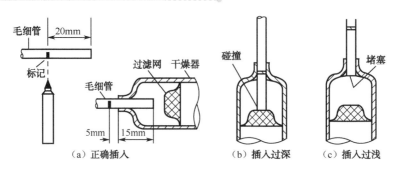

图 2-42　毛细管与干燥过滤器的焊接

图 2-43　毛细管的焊接

技能 5　检漏

　　分体式空调器安装完成后，制冷剂已经充满制冷管路，为了防止安装不当，导致制冷剂泄漏，需要对管路接头（焊接部位）、阀门及螺母进行检漏。同样，在维修空调器不制冷或制冷效果差的故障时，也需要对制冷系统进行检漏。检漏时，重点对管路上的油渍部位进行查漏，先查易漏部位，比如分体空调器易漏点在连接管的各管口、室外机各焊口。查漏时，依次检查室外机连接管截止阀管口、室内机连接管口、连接管加长管焊口、室外机各焊口、室内机各焊口。空调器常用的检漏方法主要有直接察看法、间接察看法和检漏仪检测法三种。

1. 直接察看检漏法

　　该方法多用于新焊接部位（俗称焊口）的检查，像图 2-44（a）所示的部位比较好察看，通过检查焊口是否光洁圆滑，若是，说明焊接正常；若粗糙、疙疙瘩瘩的，说明焊接的温度低，导致焊条不能正常熔化；若变形或出现窟窿，说明焊接温度过高，导致铜管被熔化。对于不好察看的部位，可通过小镜子进行察看，如图 2-44（b）所示。

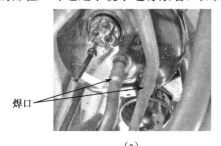

（a）　　　　　　　　　　　　　　（b）

图 2-44　直接察看检漏法

2. 间接察看检漏法

该方法适合所有需要检查被怀疑泄漏的部位，采用该方法时，不仅可以将洗涤剂直接倒在所怀疑的部位上，如图 2-45（a）所示；也可以用毛刷或手指沾洗涤灵或洗涤水涂在被怀疑的部位，如图 2-45（b）所示。若没有气泡出现，说明没有泄漏或系统内无制冷剂；若有气泡出现，说明发生泄漏，如图 2-45（c）所示。

（a）   （b）   （c）

图 2-45 间接察看检漏法

3. 检漏仪检漏法

检漏仪检漏法就是采用检漏仪进行检漏的方法。采用检漏仪检测空调器的制冷系统时，若探头（吸嘴）接近泄漏部位时，检漏仪上的蜂鸣器鸣叫声变得急促，并且指示灯也会逐级变亮。当蜂鸣器鸣叫声最急且指示灯最亮，说明探头所在部位就是泄漏部位，如图 2-46 所示。

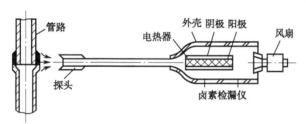

图 2-46 检漏仪检漏法

技能 6 打压

系统严重泄漏，容易导致系统内制冷剂"跑光"，使系统内的压力减小，不能满足检漏工作的需要。因此，需要对系统打压后，才能满足检漏的需要。打压多采用氮气打压或改制压缩机打压的方法。氮气打压效果虽然好，但设备价格高，一般维修人员通常不采用该法方法。用改制的压缩机打压虽然速度慢，但具有经济实用的优点。采用该方法打压时，首先在空调器的低压截止阀维修口上安装维修阀、压力表组件，再将改制压缩机的低压管（粗管）悬空，高压管（细管）安装在维修阀上，插上改制压缩机的电源线使其运转，将吸入的空气压缩后强行送入空调器的制冷系统内，当压力表显示的压力值为 1.5～2MPa 为止。保压一段时间后，若压力表读数不变，说明制冷系统多因截止阀的阀门没有彻底关闭所致；若保压一段时间后，压力表读数下降，就可说明制冷系统有漏点，需要进行检漏。用压缩机为制冷管路打压如图 2-47 所示。

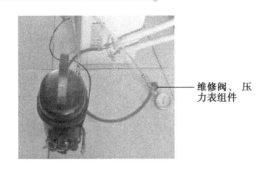

维修阀、压力表组件

图 2-47　用压缩机为制冷管路打压

技能 7　系统抽空

若制冷系统内有空气，它不仅会阻碍制冷剂的流动，而且空气中的水分会产生冰堵故障，所以加注制冷剂前必须将制冷系统抽成真空。该过程叫系统抽真空，简称抽空。

1. 抽空方法

目前，空调器采用的抽空方法主要有两种：一种是利用真空泵抽空或自制抽空设备抽空；另一种是利用自身压缩机自排抽空。

2. 外接设备抽空方法

第一步，首先拧下高压、低压截止阀的阀帽，用内六角把手打开高压截止阀的阀门，而关闭低压截止阀的阀门，如图 2-48 所示。

内六角扳手

图 2-48　抽空第一步

第二步，将改制压缩机的回气管口通过加液管与空调器的高压截止阀管口相接后，为改制压缩机通电，开始为空调抽空，如图 2-49 所示。抽空时间达到 50min 左右时，关闭高压截止阀，如图 2-50 所示。

 提 示

若维修时需要维修阀、压力表组件，先在空调器的低压截止阀维修口上安装维修阀、压力表组件，再将抽空设备与维修阀连接即可。

3. 自排抽空方法

第一步，用活络扳手拧下低压截止阀（三通阀）的阀帽，如图 2-51（a）所示；第二步，用内六角扳手将低压截止阀关闭，如图 2-51（b）所示；第三步，随后拧下低压阀上的螺帽，

使回气管脱离截止阀，如图 2-51（c）、（d）所示；第四步，为空调器通电使压缩机运转，压缩机将它内部的空气压缩产生高压气体，该高压气体通过冷凝器、毛细管、高压截止阀（二通阀）、蒸发器、回气管形成的通路将系统内部的空气排出（顶出），压缩机运转 2min 左右，将回气管的螺帽再安装到低压截止阀上并拧紧，立即拔下空调器的电源线，抽空结束。

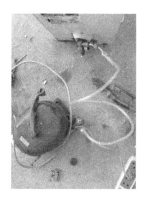
图 2-49　抽空第二步（1）

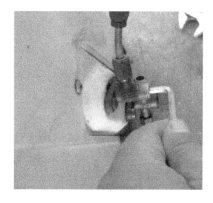
图 2-50　抽空第二步（2）

（a）

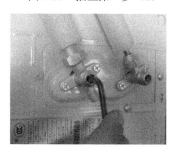
（b）

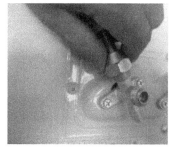
（c）

（d）

图 2-51　空调器自排抽空

注　意

　　必须将回气管的螺帽拧紧后，才能停止压缩机的运转，否则空气会再次通过回气管进入制冷系统内。另外，抽空时压缩机的运转时间应控制在 2min 左右，以免压缩机运转时间过长，引起压缩机过热，导致过热（过载）保护器动作，甚至可能会导致压缩机的绕组过热损坏。

方法与技巧

抽空前为制冷系统内加注少量的制冷剂，抽空效果会更好。

技能 8　加注/排放制冷剂

1. 加注制冷剂

制冷系统抽空后，才能加注制冷剂，不仅要求加注的制冷剂要型号相同，而且加注量要合适。下面介绍几种常用的加注方法。

（1）质量加注法

第一步，通过室外机铭牌确认该机需要加注的制冷剂型号为 R22，加注量为 1.43kg，如图 2-52 所示；将加液管的一端与制冷剂钢瓶连接后，另一端靠近高压截止阀，打开钢瓶阀门将加液管排空后，将它安装在高压截止阀上，如图 2-53 所示。

图 2-52　加注制冷剂第一步（1）

图 2-53　加注制冷剂第一步（2）

第二步，按图 2-50 所示方法，打开高压截止阀，就可以加注制冷剂，为了缩短加注时间，可以将钢瓶阀门开到最大并将钢瓶倒置放在电子秤上，同时记好初始的数值，如图 2-54 所示；当加注量快达到需要值后，先将制冷剂钢瓶改为正置，进行慢速加注，并用内六角扳手缓慢打开室外机低压截止阀的阀门，将室外机低压管路空气吹出后再关闭，如图 2-55 所示。

图 2-54　加注制冷剂第二步（1）

图 2-55　加注制冷剂第二步（2）

第三步，当加注量达到要求后，如图 2-56 所示，关闭高压截止阀后，再关闭钢瓶的阀门，如图 2-57 所示。随后，从截止阀上拧下加液管，加注制冷剂结束。

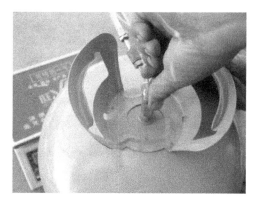

图 2-56　加注制冷剂第三步（1）　　　　图 2-57　加注制冷剂第三步（2）

（2）压力、经验加注法

首先，将制冷剂钢瓶与空调器连接后，并将制冷剂钢瓶倒置，为空调器快速加注制冷剂。当压力表显示的压力值约 0.35MPa 后将制冷剂钢瓶正置，此时为空调器加注的是气态制冷剂，加注速度变慢，如图 2-58 所示，同时将空调器的电源线插入插座，并通过遥控器开机使空调器的压缩机运转后摸蒸发器、回气管的温度，并观察压力表的压力值。当加注的制冷剂到达要求后，依次关闭截止阀和制冷剂钢瓶的阀门，拆下低压截止阀上加液管即可。

图 2-58　加注制冷剂

 提示

加注制冷剂时，环境温度不同会使系统内的压力不同，在环境温度高时压力表显示的压力值应为 0.4MPa 左右；在环境温度较低时，压力为 0.5MPa 左右。

制冷剂加注不足或过多，均会造成制冷效果差的故障。但两者又有些区别，蒸发器局部结露且回气管变得干燥，说明加注制冷剂不足，使制冷剂在蒸发器部分区域发生沸腾吸热所致；若回气管结霜或压缩机半边很凉，说明加注的制冷剂过量。这是由于过量的制冷剂不能在冷凝器内充分液化所致，所以应放掉多余的制冷剂。

（3）电流加注法

电流加注法就是在加注制冷剂的同时测量压缩机运行电流，当电流达到额定值后，停机 3min 后可重新启动；当电流低于额定值时，说明加注量不足；电流大于额定值时，说明加注量过大。加注量不足时需要补充到合适，加注过量时需要排放。

2. 制冷剂的排放

第一步需要排放制冷剂时，用扳手拧松低压截止阀的螺帽，再用手取下螺帽，如图 2-59（a）所示；第二步，用内六角扳手顶压低压截止阀维修口内的气门销，就可以排放制冷剂，如图 2-59（b）所示。一次排放不要过多，要多次排放，直至符合要求为止。

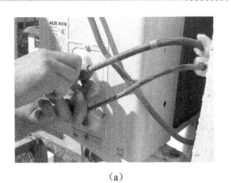
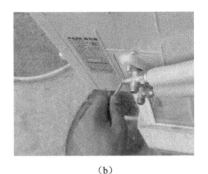

(a)　　　　　　　　　　　　　　　　(b)

图 2-59　制冷剂排放

技能 9　冷暖型空调器的制冷剂回收

移机或需要拆卸室内机维修时，有的维修人员会将系统内的制冷剂排放掉，再进行移机或维修，这不仅增加了维修成本，而且增大对空气的污染。因此，维修或移机时应回收制冷剂。

1. 夏季回收

夏季等温度较高的季节回收制冷剂比较方便，第一步，用遥控器将空调置于制冷状态，并将温度调到最低；第二步，用扳手拧下高、低压截止阀的螺帽，如图 2-60（a）所示；第三步，用内六角扳手关闭高压截止阀的阀门，如图 2-60（b）所示；第四步，空调器运转约 1min，用内六角扳手关闭低压截止阀，如图 2-60（c）所示，随后拔下空调器的电源插头，给空调器断电，至此回收结束，再为截止阀安装螺帽即可。

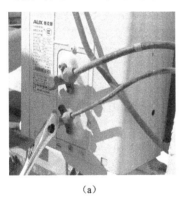

(a)　　　　　　　　　　(b)　　　　　　　　　　(c)

图 2-60　制冷剂的回收

> **提示**
>
> 回收制冷剂过程中，若看到高压管（细）结霜，说明高压截止阀的阀芯没有关死，导致高压管内仍有制冷剂流动。对于这种情况，应回收完制冷剂停机后，迅速拆掉高压管并为高压截止阀的管口安装密封堵（铜帽），以免制冷剂继续外泄。

> **! 注 意**
>
> 回收制冷剂时，若制冷剂泄漏过快，说明截止阀损坏，此时应避免制冷剂喷到身体的裸露部位，以免被冻伤，并且只有更换截止阀后才能加注制冷剂，以免再次泄漏。

2. 冬季回收

冬季等温度较低的季节回收制冷剂时，为了防止热泵冷暖型空调器在低温季节工作在制热状态，而不能进行制冷剂回收，需要采取相应的措施。部分热泵冷暖型空调器具有直通功能（如三菱空调器），可将工作模式置于 CONSTANT 状态，强制系统工作在制冷状态，实现制冷剂在低温时的回收。而对于没有直通控制功能的热泵冷暖型空调器，可打开室内机的面板，取出室内温度传感器，用手握住它，通过为它加热的方法，使该机工作在制冷状态，如图 2-61 所示。

图 2-61　为室内温度传感器加温

待空调器工作在制冷状态后，将高压截止阀关闭，制冷剂在压缩机的作用下回收到室外机内，1min 左右后关闭低压截止阀并拔下空调器的电源插头，给空调器断电即可。

思 考 题

1. 安装、维修空调器的常用工具有哪些？

2. 铜管切割有哪些要领？

3. 铜管胀口、扩口有哪些要领？

4. 焊具使用需要注意哪些？火焰大小有什么区别？

5. 焊接铜管时应注意什么？温度低对焊接有什么影响？温度高了对焊接有什么影响？焊料不足有什么影响？

6. 检漏都有哪些方法？维修人员通常采用哪种检漏方法？该检漏方法的技巧是什么？

7. 检修时为什么要打压？打压都有哪些方法？通常采用什么打压方法？

8. 加注制冷剂有哪些方法？哪种最科学？为什么排放制冷剂？用什么方法排放制冷剂？

9. 如果回收制冷剂？冬季怎么回收制冷剂？

項目3

空调器的安装、移机技能

由于移动整体式空调器的安装比较简单，并且窗式空调器已基本淘汰，所以本书仅介绍分体式空调器的安装技术。

> 提 示
>
> 由于分体空调器在出厂时属于"半成品"，需要到用户家组装后成为"成品"，所以安装质量的好坏不仅影响制冷效果，会还产生噪声大、不制冷等故障。因此，分体式空调器的安装技术是极为重要的。

而空调器的移机就是需要将已安装的空调器拆卸后，再安装到另外一个地方。而拆卸空调器就是安装空调器的反过程，所以移机和安装主要区别就是回收制冷剂。

 任务1 空调器的常规安装

> 提 示
>
> 空调器常规安装是指不需要对空调器或其管路等部件进行处理，按照说明书的要求就可以完成安装。

技能1 空调器常规安装流程

 1. 安装流程

分体式空调器的安装流程如图3-1所示。

> 提 示
>
> 实际安装过程中，也可以根据安装习惯和安装人员的数量的不同，部分安装步骤也可以与图3-1介绍的安装流程有所不同。

对于一些陈旧的房间，安装前必须要检查市电供电线路的电源线，以及电度表、熔断器（保险丝）、插座的容量是否符合要求，并且要检查电源线的铺设是否合理，以免影响空调器的使用，甚至发生事故。为了保证空调器稳定运行，空调器最好采用单独供电方式。熔断器的熔断电流应为额定电流的 1.5 倍，并且电源线应使用铜芯缆线，横截面尺寸与电流的关系如表 3-1 所示。

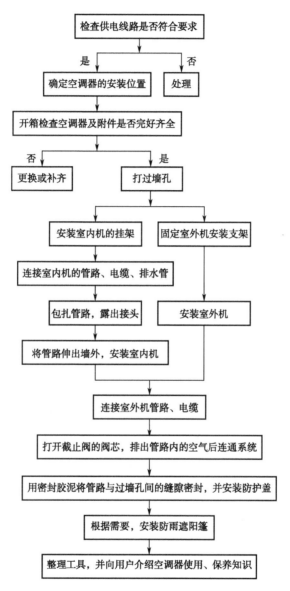

图 3-1　空调器常规安装流程

表 3-1　电源线横截面与额定电流的关系

横截面/mm²	额定电流/A	横截面/mm²	额定电流/A
1	≤3	2.5	>10，≤16
1.5	>3，≤6	3.5	>16，≤22
1.8	>6，≤8	4	>22，≤28
2	>8，≤10		

▶2. 安装时的注意事项

安装空调器的注意事项：一是高空（一般指二层及以上楼房）安装室外机时，必须系安全带，并有一人在室内进行保护，以确保安装人员人身和室外机的安全；二是安装时应轻拿轻放，以免损伤空调器或其他附件；三是安装过程中不能随意打开或松动室外机的高压、低压截止阀，以免室外机内的制冷剂泄漏，并且制冷剂喷到人的皮肤上还可能会发生冻伤事故；四是严禁在室外机高低截止阀阀芯没有打开的情况下试机运行；五是严禁在空调器运行或通电情况下，拆动或触摸各电气元件，以免被电击或损坏空调器；六是安装结束后，除了试机，还应将杂物清理干净。

技能2 分体壁挂式空调器的安装

▶1. 确定室内机的安装位置

壁挂室内机的安装位置需要满足的条件如下：

一是应确保室内机距地面 1.7～2.2m，并且能承受室内机的重量。

二是应通风良好，并且易于排水。

三是要远离热源，也应避开阳光照射。

四是不仅要便于遥控操作，而且要便于空气过滤网自由拆卸。

五是室内机吸风和出风口附近无障碍物。在环境允许的情况下，空间大一些会更利于制冷或加热。同时，空间大一些还可以方便空调器的检修工作。室内机两侧及顶部与墙壁的尺寸如图 3-2 所示。

六是避免出风口直接吹向床或沙发，以免用户因冷风过强而引发感冒等疾病。

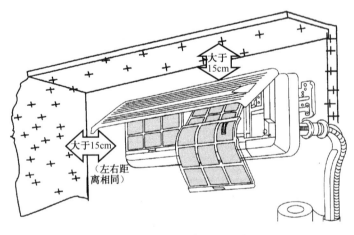

图 3-2　室内机安装位置示意

▶2. 确定管路走向

室内机管路有 5 种走向方式，如图 3-3 所示。空调器的常规安装是指按 1、2 种方式布管，此时只要可割开面板座上相应方向的槽板即可。

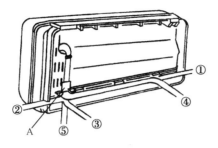

图 3-3 室内机管路的走向示意

3. 确定室外机的安装位置

壁挂分体式空调器室外机的安装要求如下：

一是安装位置应能承受室外机的重量，且不会产生很大的振动与噪声。如果必须安装在阳台外侧，应进行加固处理，以免室外机坠落。

二是最好避开阳光直晒，并且通风良好，不能安装在阳台里面，否则因通风差，使制冷效果降低 30%，甚至因通风差，导致压缩机过热保护或降低压缩机使用寿命。一般来讲，进风侧（室外机的后侧）与墙面的距离应大于 0.1m，出风口（室外机的正面）的前面 1m 之内不应有障碍物。室外机安装位置如图 3-4 所示。

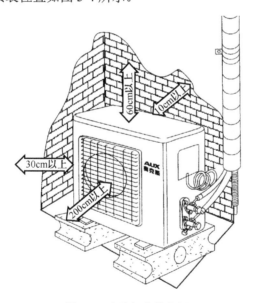

图 3-4 室外机安装位置

三是应避开易燃、腐蚀性气体，还应避免受油烟、风沙的影响，否则不仅会影响制冷效果，而且会增大故障率。

四是室外机安装在窗户的下面时，既不能高出窗台，也不能过低，一般低于窗台 15cm 左右，以便于安装和维修。

五是室外机的噪声及排出的水、风不能影响自己和邻居的正常生活。

六是室外机与室内机的高度差不能超过 3m，并且与室内机的距离最好在 4～5m 的范围内。

▶ 4. 钻过墙孔

（1）确定过墙孔（穿墙孔）的位置

确定室内机、室外机的位置后，就可以确定过墙孔的位置。该位置的确定原则：一是比室内机固定板（挂板）的底部低 5～10cm；二是距侧墙的距离应大于 5cm；三是距地面距离最好在 1.7～2m 范围内。确定好过墙孔的位置后，就可以用空心钻钻孔，通常孔的直径为 65mm，如图 3-5 所示。

> **注意**
>
> 过墙孔的位置不能过高，以免制冷期间室内机产生的冷凝水不能正常排出室外，同时为了防止雨水倒流进入室内，室外侧应比室内侧低 5～10mm。

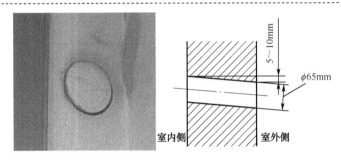

图 3-5　过墙孔

（2）钻过墙孔

钻过墙孔有不加水钻孔和加水钻孔两种。

① 不加水钻孔

不加水钻孔也叫干打过墙孔，此类钻孔的优点是不会有泥点甩到墙面上，适用于装修后或干净的墙面。缺点是砖灰末多、打孔速度慢，并且与加水钻孔相比，钻头的损耗大。

其示意如图 3-6 所示，钻孔时要用力适中，平稳前进，钻孔的深度达到 10～15cm 后关闭电源并抽出钻头，清除墙眼内或钻头内的杂物，然后再继续钻孔。重复上述过程，直到将墙壁钻透为止。若钻孔期间，钻头出现强烈抖动，双手把握不住时，应停止钻孔，查看原因，若是钻头的问题应更换钻头。

 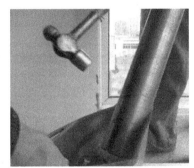

（a）钻孔　　　　　　　　　　　（b）清理杂物

图 3-6　不加水钻过墙孔

② 加水钻孔

加水钻孔也叫湿打过墙孔，加水后不仅为钻头降温，而且能将打孔产生的砖末冲出，所以具有打孔速度快且钻头损耗小的优点，但也存在泥浆被甩到墙面上的缺点。此类打过墙孔的方法适用于正准备装修或墙体过于潮湿的房间。因潮湿的墙体不加水则无法钻孔。另外，钻孔时阀门要适中，不仅要防止砖灰等杂物夹住钻头，而且要避免水过多，增大清理工作量。

其示意如图3-7所示，加水钻孔的过程和不加水钻孔基本相同，所不同的是，需要用塑料布等做一下防泥浆保护措施，并且钻孔的深度达到钻头的1/3后关闭电源并抽出钻头，把墙内的砖灰清除，再继续钻孔直到钻透为止。

图3-7 加水钻过墙孔

5. 安装室内机的固定板

第一步，确定室内机安装位置后，用盒尺测量安装尺寸，如图3-8（a）所示；第二步，用钉锤在固定板（也叫安装板，俗称挂板）的两个上角钉入 2 个钢钉，不能钉得过紧，如图3-8（b）所示；第三步，用水平尺画线，确保固定板的位置处于水平，如图3-8（c）所示；第四步，用钉锤在固定板的 4 角和中间的固定位置钉 5 个或 6 个钢钉，确保固定板与墙壁之间无缝隙，并且牢固。

> 💡 提 示
>
> 如果固定板倾斜，不仅影响美观，而且室内机产生的冷凝水可能会滴入室内。若用户的墙壁不适宜用钢钉固定挂板时，则用冲击钻在挂板的4角和中间的固定位置钻5~8个孔，安装好塑料胀管后，再用螺丝钉将挂板固定在墙壁上。

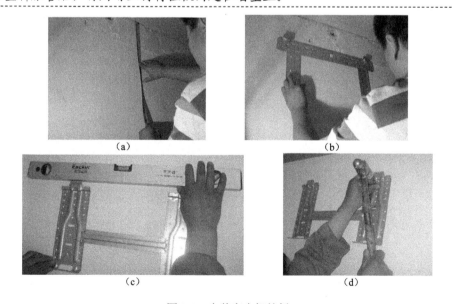

（a） （b）

（c） （d）

图3-8 安装室内机挂板

▶6. 室内机管路与配管的连接

连接配管如图 3-9 所示，购买空调器时随机附件内有两根连接配管（连接管）。其中，细管是高压管，粗管是低压管。配管由铜管或铜管与铝管连接后并外套保温层（套）构成。配管的头部安有铜螺母，为了防止杂物和空气进入配管，螺母都安装了防护帽（俗称堵头），而防护帽用密封塞进行密封。

第一步，将粗管和细管的管端弄直，再慢慢地、轻轻地展开，如图 3-10 所示。

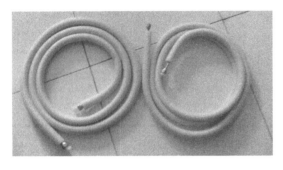

图 3-9　连接配管　　　　　　　　　　　　　　　图 3-10　捋直配管

第二步，用扳手卸掉室内机高压管、低压管两个螺纹接头上的防护帽（堵头），如图 3-11（a）所示。卸掉防护帽后，查看螺纹接头有无损伤，如图 3-11（b）所示；若有损伤，则需要更换。确认接头正常后，取下螺纹接头管口上的密封塞，将管内用于保护用的制冷剂或氮气放掉，如图 3-11（c）所示。

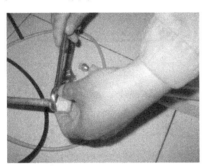

（a）

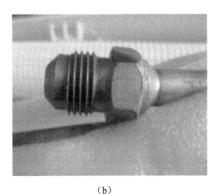

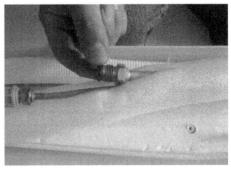

（b）　　　　　　　　　　　　　　　　　（c）

图 3-11　检查室内机管路的螺纹接头和拆卸塑料密封塞

第三步，检查配管的喇叭口内表面是否光滑、圆整，若有裂纹、锈蚀等异常现象时，应切割后重新将管口扩为喇叭形，如图3-12所示。

第四步，用螺丝刀蘸上少许冷冻油涂在铜接头的连接面和配管喇叭口内壁上，加大铜接头与喇叭口连接的密封性，如图3-13所示。

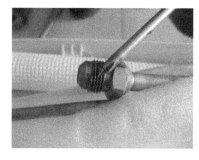
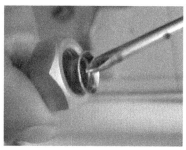

图3-12 检查配管管口　　　　　　　　　　图3-13 为铜接头、螺纹管口涂油

第五步，将配管笔直地与引出管（导管）接头对齐，不能歪斜，然后用左手按住导管，用右手将螺母（纳子）对好丝扣，拧3～5圈，如果只拧1～2圈就拧不动时，说明螺母和导管没有对齐，应重新对正后再拧，如果丝扣出现碰伤，可用丝锥处理，以保证装配质量。用手拧不动后，采用普通扳手进行紧固，如图3-14所示。使用普通扳手紧固时，力矩必须适中，力矩过小密封不严，造成制冷剂泄漏。而力矩过大则容易导致喇叭口处开裂，也会造成制冷剂泄漏。配管和接头连接完成后，用预先套入的保温管将连接部位包好。连接管与接头的连接如图3-15所示。

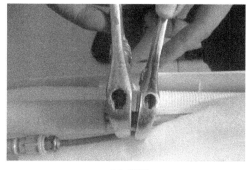
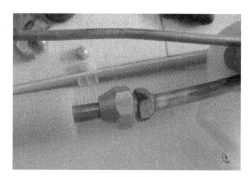

（a）紧固　　　　　　　　　　　　　　（b）连接后的示意

图3-14 配管与室内机的螺纹接头连接

> **提示**
>
> 若手头有与管径相匹配的力矩扳手，用该扳手紧固效果更好，在使用该扳手紧固时若听到"咔嚓"的一声，则说明已达到紧固力矩。

▶ 7. 排水管安装

（1）排水管实物

购买空调器时随机附件内有一根排水管，如图3-16所示。

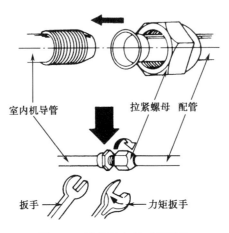

图 3-15　连接管与接头的连接

（2）安装

将排水管与室内机的排水盒（积水盒）接头连接时，应保证平行或向下倾斜，中间不能有弯曲、折叠等异常现象，以免发生排水不畅的故障，如图 3-17 所示。

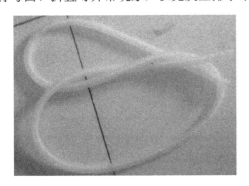

图 3-16　排水管实物

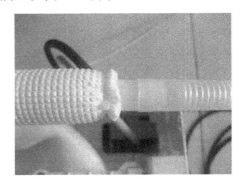

图 3-17　排水管的安装

▶ 8. 管线、线路整理

（1）管路的布置

第一步，若采用向左或右走管方式时，则用克丝钳掰掉或用壁纸刀割掉槽孔挡板，如图 3-18（a）所示。

第二步，若打开槽孔后，槽孔的边有毛刺，应先用锉清除开槽处的毛刺，并修整光滑，如图 3-18（b）、（c）所示，以免毛刺将电源线或排水管刺破。

（2）管线、线路包扎

第一步，将铜管、电缆及排水管进行排列，排水管应安排在管组最底部，铜管、导线不得互相缠绕；第二步，留出喇叭口接头部分（此处需要检漏），将其余部分用维尼纶胶带包扎，注意包扎的重叠部分以 5～8mm 为宜；第三步，把排水管、电源电路线、信号线、连接管都按压在槽内，如图 3-19 所示。

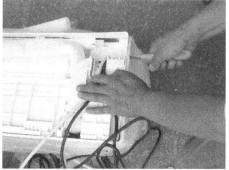

（a）

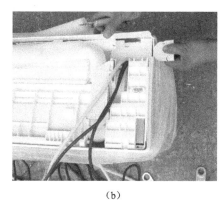
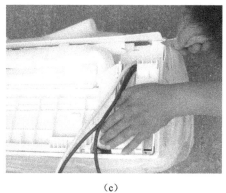

（b）　　　　　　　　　　　（c）

图 3-18　打开室内机槽孔

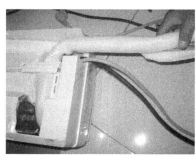
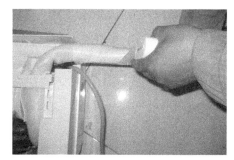

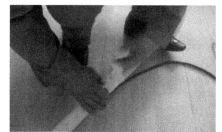

图 3-19　管路、线路的整理和包扎

9. 安装室内机

第一步，为两根连接管的螺母上盖上防护帽，将电源线与管路对齐，将长出的部分馈过来，再用包扎带或胶带将管路、电源线捆扎在一起，如图 3-20（a）所示；第二步，一个人用双手托起室内机，另一个人将包扎好的管路经穿墙孔送出室外，如图 3-20（b）、（c）所示；第三步，将室内机背面的槽口对准安装板上的挂钩，并将槽口全部套在挂钩上，然后用手上下左右移动室内机，确认它是否牢固，如图 3-20（d）所示；若松动，则应重新安装；第四步，用水平尺检测室内机是否平整，如图 3-20（e）所示；第五步，为过墙孔安装护盖，如图 3-20（f）所示。

> **! 注 意**
>
> 若防护帽丢失，可用维尼纶胶带将管口密封好，以免杂物、灰尖进入连接管内，影响空调器的使用，甚至导致空调器发生故障。另外，从室内向室外伸出管路的过程中不能把连接管弯成死弯或直径小于 70cm 圆弧，以免连接管被压弯或压扁，影响制冷（热）效果。

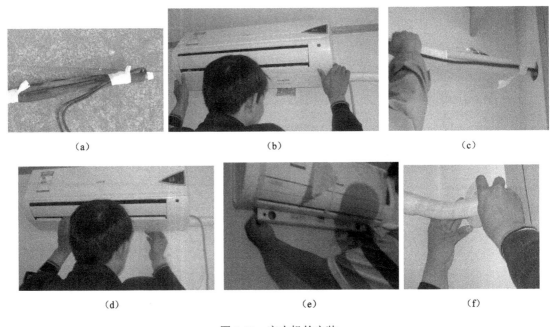

（a）	（b）	（c）
（d）	（e）	（f）

图 3-20　室内机的安装

▶ 10. 安装室外机的固定架

第一步，测量室外机水平方向固定孔间的距离，如图 3-21（a）所示；第二步，在一水平面上画出两个支架的钻孔位置，如图 3-21（b）、（c）所示；第三步，用冲击钻在支架固定点的位置钻孔（打眼），如图 3-21（d）所示；第四步，膨胀螺栓安装到支架上，用螺母紧固定好，再用铁锤将固定支架的膨胀螺丝钉入打眼位置，如图 3-21（e）所示；第四步，用扳手对螺母进行紧固，如图 3-21（f）所示；第五步，用水平尺检测两支架是否在同一水平面上，若不是，用铁锤进行调整，如图 3-21（g）所示；第六步，确认水平位置正常后，用扳手将螺母拧紧，如图 3-21（h）所示。

图 3-21 安装室外机固定支架示意

注 意

安装时为了防止发生意外，安装人员必须使用安全带。

▶11. 安装室外机

第一步，将室外机放置于安装支架上，并放正，如图 3-22（a）所示；第二步，移动室外机使自身固定孔与支架孔对准，如果室外机不平稳，应通过加橡皮垫圈等方法进行校正，如图 3-22（b）所示；第三步，插入螺杆，拧上螺母并用扳手紧固，如图 3-22（c）所示。

提 示

若在室内向室外的支架上放置室外机，应用绳子捆好室外机慢慢送出，以免室外机脱落。

（a）

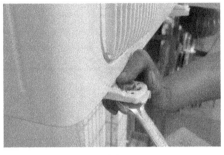

（b） （c）

图 3-22 室外机的安装

12. 室外管路的连接

第一步，根据管路走向要求，对伸出室外的连接管路应整形为弯管，如图 3-23（a）所示。

> **注 意**
>
> 弯管时应用大拇指按住铜管小心用力，严禁将管路折成死弯。弯管的弯曲半径不能小于 1m，同一部位弯曲次数不能超过三次。如果室外机的连接管有较大剩余，可盘成直径大于 500mm 的圆圈后，放在室外机的后背侧，再用管卡固定，管路的布置应美观大方。

第二步，用扳手拧开低压截止阀上的螺母，如图 3-23（b）所示；

第三步，拆掉低压管口上的防护帽或塑料袋，在检查管口良好的情况下，将低压管的管口与室外机低压截止阀管口对齐，用手拧 3～5 圈，如图 3-23（c）、（d）所示。

第四步，用扳手将低压截止阀上的螺母拧紧，如图 3-23（e）所示。

> **注 意**
>
> 紧固螺母时要注意手感，用力过小螺母拧不紧，容易泄漏制冷剂；用力过大会导致喇叭口损坏，也会产生泄漏制冷剂的故障。

第五步，用同样方法将高压管与室外机的高压截止阀连接，如图 3-23（f）所示。

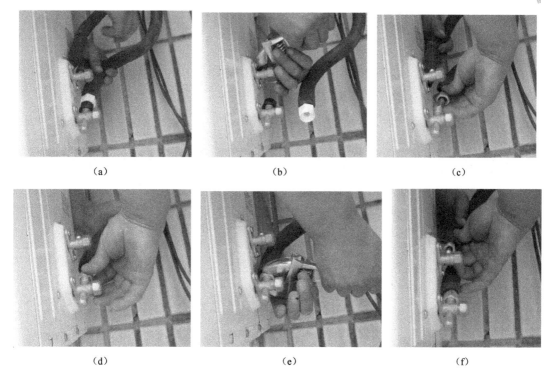

（a） （b） （c）

（d） （e） （f）

图3-23 室外机管路的连接

第六步，将伸出室外的排水管出水口向下，让冷凝水自然地滴落到空地上，而不能滴在窗户或墙壁上，并且出水口距地面的距离应大于5cm，如图3-24所示。

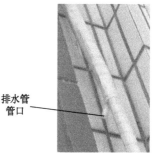

排水管管口

13. 管路排空

管路排空通常采用顶压低压截止阀的阀针和通过旋转高压截止阀阀芯的两种方法。由于顶压低压截止阀阀针的方法简单、安全可靠，所以目前通常采用该方法。下面是该排空方法的操作步骤。

图3-24 排水管的放置

第一步，首先，用活络扳手拧掉高压、低压截止阀阀杆的螺帽（封帽），如图3-25（a）所示；第二步，用内六角扳手选高压截止阀的螺杆，使它的阀门打开，如图3-25（b）所示；第三步，用内六角扳手顶压低压截止阀的阀针，待手感觉到截止阀有凉气排出后，说明管路已经排空，如图3-25（c）所示；第四步，用内六角扳手旋转低压截止阀的螺杆，使低压截止阀的阀门完全打开，如图3-25（d）所示。最后，将两个螺帽安装到原位置并用扳手拧紧即可，如图3-25（e）所示。

> **注 意**
>
> 在顶压维修口内的阀针时不要用力过大，以免损坏阀针，导致低压截止阀报废。管路排空时间通常为9～11s。

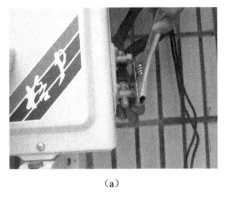
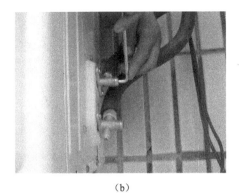

（a）　　　　　　　　　　　　　　（b）

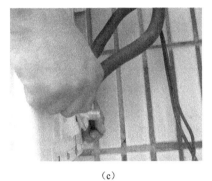

（c）　　　　　　　　　（d）　　　　　　　　　（e）

图 3-25　管路排空示意

▶ 14. 检漏

检漏的目的就是检测管路的连接部位有无泄漏，如图 3-26 所示，将洗涤灵倒在或涂在室外机截止阀的扩口螺母上，仔细观察有无气泡出现，若连接处没有气泡，说明没有泄漏现象，用干净布将洗涤灵擦拭干净，再用保温套管、绝缘带、胶带将室内机管路连接部分按规定包扎好即可；若出现气泡且越来越大，说明此处泄漏，应重新紧固截止阀的扩口螺母，直到不泄漏为止。若紧固扩口螺母后泄漏现象仍然存在时，将制冷剂回收到室外机后，拧下螺母后检查配管的喇叭口是否损坏，若损坏，切割后重新扩口即可安装；若正常，重新安装即可。

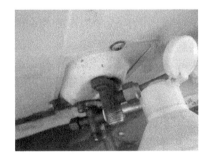

图 3-26　截止阀连接部位的检漏

▶ 15. 室外线路的连接

第一步，用螺丝刀拆掉室外机接线盒盖上的螺丝钉，如图 3-27（a）所示；第二步，按工厂标注颜色对号接线，完毕后恢复接线盒的安装，如图 3-27（b）所示；第三步，接好地线，如图 3-27（c）所示。最后，安装接线盒盖即可。

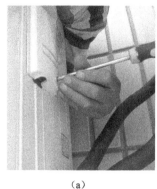
（a）

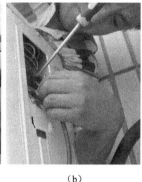
（b）

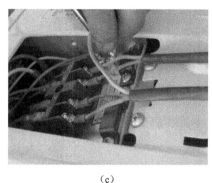
（c）

图 3-27　室外线路的连接

16. 试机

在确认室外机的高压、低压截止阀完全打开，各连接口密封良好后，为空调器通电试机。用遥控器将空调器置于制冷运行状态，检查室内机、室外机有无异常噪声。若有，查找噪声源并排除；若无噪声，在空调器运行时，将手放在室内机出风口（出气口）处，应有凉风吹出，并且室内温度可快速下降，说明制冷正常。否则，说明空调器安装不当，需要查找故障原因并排除。

技能 3　分体落地式空调器的安装

分体落地式空调器的室外机安装与分体壁挂式空调器相同，下面仅介绍分体落地式空调器的室内机的安装技术。

1. 安装要求和注意事项

一是，过墙孔距地面 10cm 左右，室内机安装在室内坚实、平整的地面上，不能安装在靠近易燃或阳光直射的地方，并且室外机排出的热气和噪声不应干扰他人。

二是，要使用专用的电源线，并且需要配置电源开关和漏电保护开关。室内机、室外机金属外壳上有接地螺钉，安装时注意坚固螺钉并接好合格的接地线。

三是，进风口和出风口必须留有适当的空间距离，以确保通气畅通。

室内机与室外机的连接管最长不能超过 20m，若过长会影响制冷效果。

> **注　意**
>
> 部分柜机采用了三相电供电方式，安装时要保证三相电柜机的三相电相序正确，三相电的零线不要接到室外机外壳上，以免发生危险。

▶2. 安装方法

第一步，选择过墙孔位置，一般距地面 10cm 左右，距侧墙 20cm 左右；第二步，打过墙孔，3P 以下柜机的过墙孔直径为 65mm，5P 以上柜机的过墙孔直径为 85mm；第三步，拆下室内机进风格栅，露出连接管口；第四步，打开背部上的出管口，并将连接管的管口插入室内机；第五步，拆下室内机引管管口上的防护帽；第六步，将插入室内机的连接管与室内机的引管连接好；第七步，用两个扳手紧固管口；第八步，连接好电源线、信号线、排水管，并把连接管、电源线、信号线捆扎好，成为连接管组；第九步，把排水管和连接管组通过穿墙孔伸出室外；第十步，将拆下的进风格栅安装好，并为过墙孔安装护盖。

▶任务 2　空调器的特殊安装

空调器的特殊安装是指按照说明书的要求不能直接安装，需要对空调器的管路、线路等部件进行处理后才能安装。

本节除了介绍空调器特殊安装的一些方法和注意事项，还介绍了铜管的切割、胀口/扩口、气焊焊接、制冷剂排放等操作技能。这些操作技能是空调器的特殊安装和维修的基础。因此，要求维修人员，尤其是初学者更要多看、多练，最终做到熟能生巧。

技能 1　管路的特殊走向

参见图 3-3，室内机管路有 5 种走向方式。而管路的具体走向应根据房间结构和室内机、室外机的安装位置确定。当按 3、4 方式布管时，除了要轻轻弯曲铜管，使其达到所需要的位置，注意不要将管子弯扁或打成死折，更不要使管路扭曲变形，而且要在安装板的侧面打过墙孔，如图 3-28 所示。

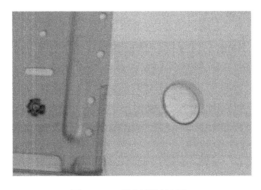

图 3-28　背部式过墙孔

！注意

打此过墙孔时要保证安装室内机后，正好盖住过墙孔。

技能2　管路、电源线的加长

1. 配管的加长

若厂家提供的配管长度不够，需要加长时，加长方法如下。

第一步，首先用割管刀切割配管端口，如图 3-29（a）所示；第二步，待铜管要割断时撤去割管刀，掰断铜管，如图 3-29（b）所示；第三步，用胀管器对管口进行胀口，如图 3-29（c）所示，胀后的杯形口如图 3-29（d）所示；第四步，再将相同管径的铜管对接，如图 3-29（e）所示；第五步，用磷铜焊条进行焊接，如图 3-29（f）所示；第六步，检查焊口是否正常，如图 3-29（g）所示。

因为加长了配管，需要补充一定量的制冷剂，若空调器采用的制冷剂是 R22，则每增加 1m 铜管需补充 10g 制冷剂。不过，实际安装时若增加的铜管尺寸较短，也可以不用补充制冷剂。

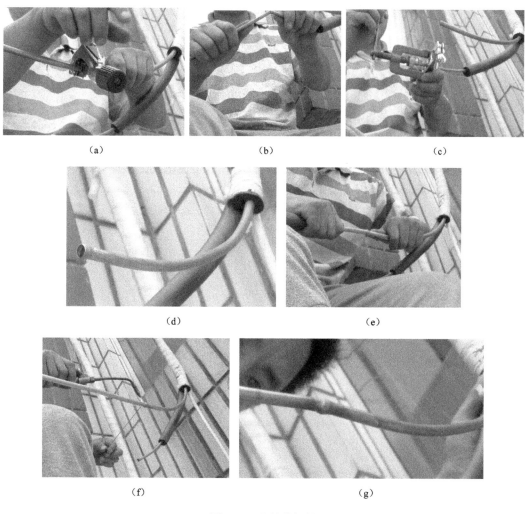

（a）　　　　　　　　　　（b）　　　　　　　　　　（c）

（d）　　　　　　　　　　　　　　（e）

（f）　　　　　　　　　　　　　　（g）

图 3-29　配管的加长

▶️ 2. 排水管的加长

需要加长排水管时，因所接的排水管可能与原厂的排水管有可能不配套，导致接头部位漏水，所以需要用防水胶带缠绕接头部位，以免发生漏水故障。

> **⚠️ 注 意**
>
> 连接管加长后，需要对焊接部位进行检漏，以免发生泄漏制冷剂的故障。

▶️ 3. 电源线的加长

需要加长电源线时，必须使用线径相同的电源线，并且接头部位需要用绝缘胶带包好，以免发生漏电或短路故障。

最后用维尼纶胶带将加长的管路、排水管、线路进行包扎。

思 考 题

1. 安装室内机时应注意什么？安装室内机挂架有哪些技巧？如何整理管路、线路？
2. 打过墙孔有几种方法？各有什么优点？
3. 安装室外机时应注意什么？如何安装室外机固定架？如何排空管路？
4. 室内线路怎么连接？
5. 如何加长管路？加长排水管路需注意什么？加长电源线需注意什么？
6. 为什么要对加长的管路、线路进行包扎？

空调器制冷（热）系统故障检修

本项目通过实物外形示意图、内部结构图和简单的文字介绍空调器制冷（热）系统的基本工作原理、主要器件的作用，以及制冷系统的故障现象及故障检测方法，掌握这些内容对学习空调器维修技术是至关重要的。

任务1 掌握空调器的制冷/除湿、制热/化霜原理

知识1 掌握单冷型（冷风型）空调器制冷原理

单冷型空调器包括一拖一和一拖多两种，下面分别介绍。

（1）单冷一拖一型

典型单冷一拖一型空调器的制冷系统由压缩机、冷凝器、过滤器、毛细管、截止阀、蒸发器构成，如图4-1所示。

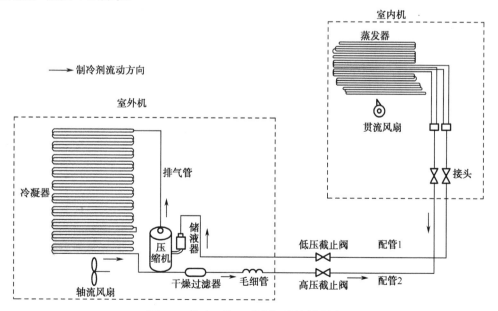

图4-1 单冷一拖一型空调器的制冷原理

压缩机工作后，它的汽缸将低温、低压的制冷剂压缩成高温、高压（1.2～1.9MPa 左右）的过热气体后，通过排气管排入冷凝器中，制冷剂利用冷凝器散热后温度不断下降，逐渐冷却为中温、高压的饱和蒸汽，最终冷却为饱和液体，此时制冷剂的温度叫冷凝温度。制冷剂在整个冷凝过程中的压力几乎不变。经冷凝后的饱和液体利用干燥过滤器滤除水分和杂质后，通过毛细管进行节流降压后变为中温、低压的湿蒸汽，再经高压截止阀、配管 2 进入蒸发器，利用蒸发器吸收室内的热量而完成汽化，这不仅降低了室内的温度，而且使制冷剂变成低温、低压（0.5MPa）的气体。从蒸发器出来的制冷剂通过配管 1、低压截止阀、储液器（气液分离器）再次回到压缩机，至此完成一个制冷循环。重复以上过程，室内的热量被转移到室外，实现了制冷的目的。

（2）一拖多型

一拖多型空调器以常见的一拖二型空调器为例进行介绍。单冷一拖二型空调器与单冷一拖一型空调器相比，除多安装了一个室内机，还安装了两个控制蒸发器的电磁阀，即 A 电磁阀和 B 电磁阀，如图 4-2 所示。

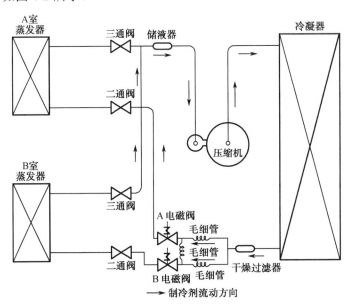

图 4-2　单冷一拖二型空调器的制冷系统

压缩机工作后，压缩机将低温、低压的制冷剂压缩成高温、高压的过热气体后，排入冷凝器，利用冷凝器散热，逐渐冷却为常温、高压的饱和蒸汽，再通过过滤器滤除水分和杂质后，分两路输出：一路通过一根毛细管进行节流降压后变为常温、低压的湿蒸汽，再经 A 电磁阀、二通阀进入 A 室蒸发器，利用蒸发器吸收热量进行汽化，不仅为 A 室降温，而且使制冷剂变成低温、低压的气体，再经三通阀、储液器（气液分离器）再次回到压缩机；另一路通过另一根毛细管进行节流降压后，再经 B 电磁阀、二通阀进入 B 室蒸发器，通过蒸发器为 B 室降温，同时使制冷剂变成低温、低压的气体，再经三通阀、储液器（气液分离器）再次回到压缩机。至此完成一个制冷循环。重复以上过程，将 A、B 室的热量转移到室外，实现了室内降温的目的。另外，通过对 A 电磁阀和 B 电磁阀的控制，可实现 A 室或 B 室的单独制冷降温。

知识2 掌握冷暖型空调器制冷/制热原理

虽然冷暖式空调器的加热方式有热泵型、电加热型、电加热辅助热泵型三种，但加热与制冷（热）系统有关的是热泵型、电加热辅助热泵型两种，所以下面介绍这两种空调器的制冷（热）系统。

（1）热泵型

热泵型空调器跟单冷式空调器相比，最大的区别是安装了四通阀。通过四通阀改变制冷剂的流向，可对室内、室外机的热交换器的功能进行切换，实现制冷、制热功能。

① 制冷过程

图4-3是典型热泵型空调器的制冷系统原理图。图中的箭头"→"表示制冷剂的流动方向。

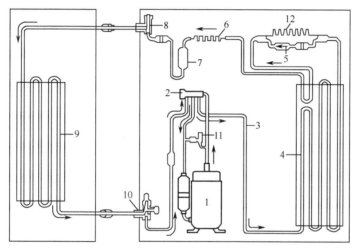

1—压缩机；2—四通阀；3—管路；4—室外热交换器；5—单向阀；6—毛细管；7—过滤器；

8—二通截止阀；9—室内热交换器；10—三通截止阀；11—双通电磁阀；12—毛细管

图4-3 典型热泵型空调器的制冷系统原理示意

该机工作在制冷状态后，单向阀10导通，于是低温、低压的制冷剂经压缩机1压缩成高温、高压的过热气体→四通阀2切换→管路3传输室外热交换器4冷凝散热→单向阀5传输→毛细管6节流降压→过滤器7滤除水分和杂质→二通截止阀8传输→室内热交换器9吸热汽化→三通截止阀10传输→四通阀2返回压缩机，从而完成一个制冷循环。重复以上循环过程，空调器就可以将室内的热量转移到室外，实现室内降温的目的。

② 制热过程

图4-4是典型热泵型空调器的制热系统原理图。图中的箭头——→表示制冷剂的流动方向。

该机工作在制热状态后，单向阀10截止，于是低温、低压的制冷剂经压缩机1压缩成高温、高压的过热气体→四通阀2切换→三通截止阀3传输→室内热交换器4冷凝散热→二通截止阀5传输→干燥过滤器6滤除水分和杂质→毛细管7、毛细管8节流降压→室外热交换器9吸热汽化→四通阀2返回压缩机，从而完成一个制热循环。重复以上过程，将室外的热量转移到室内，实现了室内升温的目的。

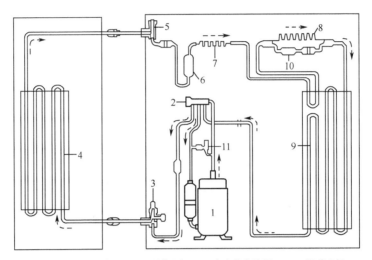

1—压缩机；2—四通阀；3—三通截止阀；4—室内热交换器；5—二通截止阀；

6—过滤器；7—毛细管；8—毛细管；9—室外热交换器；10—管路；11—单向阀

图4-4　典型热泵型空调器的制热系统原理示意

（2）电加热辅助热泵型

电加热辅助热泵型空调器在热泵空调器的基础上安装了电加热器。这样，电加热器对吸入的冷风先进行加热，可以快速使室内温度升高，提高制热效果。

知识 3　掌握化霜原理

冷暖型空调器在制热状态下，当室外环境温度低于 5℃时，室外热交换器的蒸发温度就会低于 0℃，导致空气中的水分凝结在室外热交换器的表面而形成霜，并且会随着室外热交换器吸热时间的延长，霜层会越来越厚，这将严重影响制热效果。为此，需要对室外热交换器进行除霜。

目前，大部分空调器采用的除霜方式就是让空调器由制热方式转入制冷方式，利用室外热交换器的散热功能进行化霜，化霜过程如下。

首先让压缩机、风扇电动机停转，随后通过四通阀切换制冷剂的流向，也就是使空调器工作在制冷状态（但室外、室内风扇电动机不转），利用压缩机排出来的高温、高压制冷剂进入室外热交换器，通过汽化散热的方式将其表面的霜融化，实现除霜的目的。

知识 4　掌握除湿原理

空气中的湿度若过大，会让人感觉到不舒服。因此，需要对室内的湿度进行干燥处理。

当空调器工作在制冷状态时，若室内热交换器的表面温度低于室内空气露点时，室内热空气流过热交换器表面，在它的表面上凝结成大量的冷凝水，使室内空气的湿度下降。为了避免除湿导致室内环境温度波动过大，通过降低室内风扇的转速，并使压缩机间歇运行，不仅实现了除湿的目的，而且提高了舒适性。

任务2 制冷系统典型器件的检测

技能1 压缩机的检测

空调器的压缩机是空调器制冷（热）系统的核心器件，和电冰箱压缩机一样，它也是将提供能量的电动机和压缩制冷剂的压缩机，以及用于润滑和降温的冷冻油密封在金属外壳内。压缩机的外壳上有两个管口，它们分别是排气管口（又称高压管口）和吸气管口（又称回气管口或低压管口）。排气管口为细管口，用于排出被压缩机压缩成高压、高温的气态制冷剂；吸气管口通常为粗管口，用于吸入来自蒸发器的低压、低温气体制冷剂。

1. 分类

压缩机根据采用的制冷剂不同，分为 R22 型压缩机、R502 型压缩机、R407c 型压缩机、R410a 型压缩机。通过查看压缩机外壳上的铭牌就可确认。

压缩机按机械结构、制冷剂、供电和转速的不同进行分类。压缩机按机械结构分类有往复式、旋转式、涡旋式三种。其中往复式压缩机主要应用在早期空调器中，现已淘汰，旋转式压缩机是目前的主流产品，涡旋式压缩机主要应用在高档空调器中。

2. 旋转式压缩机

旋转式压缩机又称回转式压缩机。旋转压缩机有单转子和双转子两种。

（1）单转子旋转式压缩机

单转子旋转式压缩机由汽缸、转子（环形转子）、偏心轴（曲轴）等组成，如图 4-5 所示。偏心轴与电机转子共用一根主轴，转子套在偏心轴上，轴的偏心距与转子半径之和等于汽缸半径。因此，当偏心轴随转子转动时，即带动环形转子以类似内啮合齿轮的运动轨迹，沿汽缸内壁滚动，形成密封线，从而将汽缸内分隔成高压、低压两个密封腔。当低压腔容积增大时通过吸气管（回气管）吸入制冷剂，低压腔容积减小时通过排气管排出制冷剂。

旋转式压缩机工作原理如图 4-6 所示，图 4-6（a）、(b)、(c)、(d) 分别表示滚动活塞处于不同位置时，转子与汽缸之间形成的高、低压腔大小的变化过程。图 4-6（a）中，低压腔容积最大，吸入气体；图 4-6（b）中转子开始压缩充满汽缸内的低压制冷剂气体，同

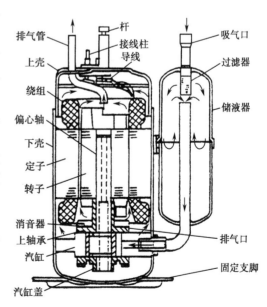

图 4-5 单转子旋转式压缩机的构成

时进气孔继续吸气；图 4-6（c）中，低压腔与高压腔的容积相等，同时低压腔继续进气，高压腔进一步压缩，使气体的压力增大，直到排气阀开启，通过排气孔排出高压气体；图 4-6（d）中，低压腔继续进气，而高压腔排气结束。

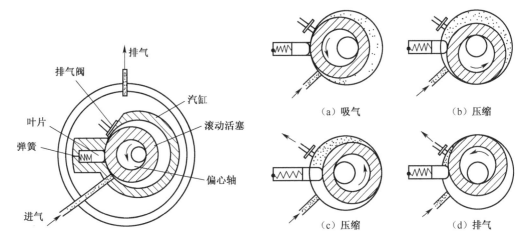

图 4-6　旋转式压缩机工作原理示意

（2）双转子旋转式压缩机

双转子旋转式压缩机最大的特点就是有两个汽缸，利用一块隔热板将两个汽缸分开，并且两个汽缸互为 180°，如图 4-7 所示。由于双转子旋转压缩机汽缸的容积超过单转子旋转压缩机汽缸的 2 倍，不仅增大了冷量化，而且提高了工作效率。

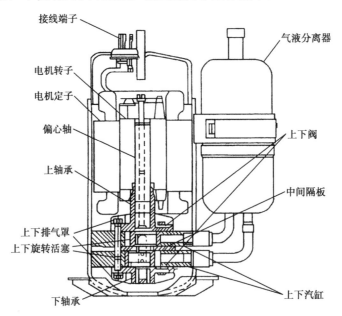

图 4-7　双转子旋转式压缩机构成

（3）旋转式压缩机的特点

旋转式压缩机的优点：一是重量轻、体积小、可靠性高；二是运转平稳，噪声低；三是配套电机的转子、定子间的气隙间隙小，减少了残留气体的膨胀损失，节能效果好且效率高。

旋转式压缩机的缺点：一是机械零件加工工艺复杂、精度高；二是需要配套的电机转矩大；三是工作温度高，达到99～110℃。

3. 涡旋式压缩机

（1）构成

涡旋式压缩机由背压腔、定涡旋盘（涡旋定子）、动涡旋盘（涡旋转子）、吸气腔、吸气管、排气孔等组成，如图4-8所示。定涡旋盘与动涡旋盘的安装角度为180°，定涡旋盘固定不动，而动涡旋盘绕着定涡旋盘中心以偏心距为半径做公转运动。这样，在定涡旋盘与动涡旋盘之间就形成了高压、低压两个密封腔。

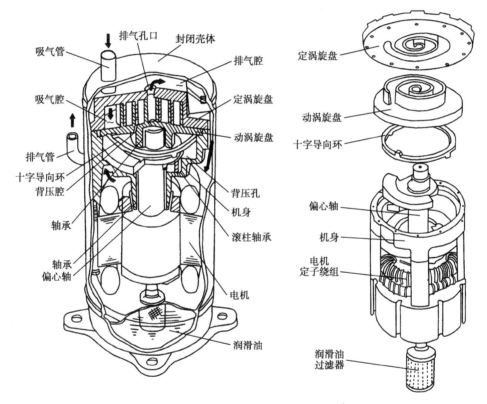

图4-8　涡旋式压缩机的构成

（2）涡旋式压缩机的特点

涡旋式压缩机的优点：一是结构简单、重量轻、体积小、可靠性高；二是未设置吸气阀、排气阀，避免了吸气阀、排气阀损坏引起的故障；三是电机运转平稳，噪声低；四是涡旋压缩机配套电机的效率高。但涡旋式压缩机也存在工艺复杂和成本高等缺点。

4. 常见故障检修

压缩机常见的故障主要是不运转且有噪声、噪声大、排气量小。

（1）不运转，且有"嗡嗡"的低频叫声

压缩机异常引起该故障的原因主要是电机的绕组短路或机械系统出现"卡缸"、"抱轴"故障。该故障的检修方法见后面的空调器电气故障检修部分。

（2）噪声大

噪声大多因压缩机内的机械系统磨损或冷冻润滑油老化所致。

（3）排气量小

确认制冷系统无泄漏点，并且制冷系统的其他器件正常后，为制冷系统注入一些制冷剂，插上电源线使空调器运转 3min 左右，观察压力表的数值，若数值无变化，则说明压缩机排气不足或不排气。若排气恢复正常，说明制冷剂泄漏。压缩机排气不足多因阀片异常所致，具备维修条件的，可以拆开压缩机，更换或维修阀片；若不具备维修的条件，可以更换压缩机。

技能 2　热交换器的检测

热交换器是空调器制冷（热）系统不可缺少的器件，主要包括蒸发器和冷凝器。

1. 作用

对于单冷型空调器，室内机中的热交换器为蒸发器，它主要用于吸收室内空气的热量，以便它内部的制冷剂能够吸热汽化；室外机中的热交换器为冷凝器，它主要用于散热，以便它内部的制冷剂能够凝结为液体。对于热泵型空调器在它工作状态为制冷时，热交换器的功能与单冷型空调器相同；工作在制热状态时，室内机的蒸发器变成冷凝器进行散热，为室内升温，而室外机的冷凝器变成蒸发器进行吸热。

2. 构成

虽然冷凝器和蒸发器的外形不同，但它们的构成是一样的。目前，它们多采用翅片盘管式结构，如图 4-9 所示。

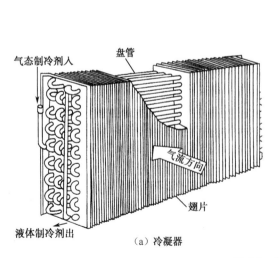

（a）冷凝器

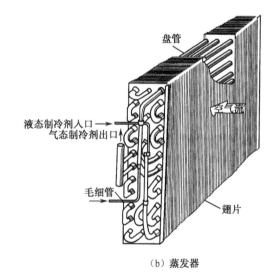

（b）蒸发器

图 4-9　热交换器

盘管（冷凝管或蒸发管）由直径为 10mm 左右的铜管弯制而成，翅片（散热片）多由铝片制成，间距为 1～2mm。翅片间距越小，换热效率越高，效果越好，不过，若间距过小会影响空气流动，反而降低了换热效果。因蒸发器表面形成的冷凝水会通过翅片的空隙排出，所以翅片间距要比冷凝器的略大。

▶3. 工作原理

（1）蒸发器的工作原理

制冷剂通过毛细管或膨胀阀节流后进入蒸发器后，第一阶段经大量吸热升温后成为饱和蒸汽；第二阶段吸热继续进行，制冷剂被加热后成为蒸发气体，实现液体-气体的转换。至此，蒸发器完成吸热的任务。

（2）冷凝器的工作原理

压缩机排出的高温、高压气态制冷剂通过管路进入冷凝器，通过三个阶段进行散热冷却。第一阶段占用冷凝器的散热面积较小（冷凝器的初端），制冷剂经散热冷却为干饱和蒸汽；第二阶段占用冷凝器的散热面积较大（冷凝器中间部分），散热能力大幅度加强，制冷剂冷却为饱和液体，实现气态-液态转换；第三阶段占用冷凝器的散热面积较小（冷凝器的末端），随着散热继续进行，制冷剂冷却为过冷液体。至此，冷凝器完成散热冷凝的任务。

 提 示

制冷剂在冷凝器的三个阶段中压力始终保持不变，温度在第一阶段、第二阶段保持不变，而在第三阶段开始下降。另外，过冷液体制冷剂通过毛细管或膨胀阀节流降压后进入蒸发器，更有利于蒸发器汽化吸热，从而提高了制冷效果。

▶4. 常见故障检修

热交换器脏或漏，会产生制冷差或不制冷的故障。

热交换器表面因积尘较多等原因过脏或翅片互相挤压时，影响空气流动，产生散热（或吸热）效果差的故障。室内热交换器脏是引起室内机出风量小的主要原因之一。室外热交换器表面过脏，也会引起制冷/制热差的故障，甚至会引起压缩机进入过热保护状态的故障。空调器分解与清洗方法在项目 8 进行介绍。

热交换器损坏只有"漏"这种现象，其漏点多发生在"U"形管的焊接处，如图 4-10 所示。漏点部位的颜色通常会发黑，并且有的漏点处还会有油渍，在制冷剂未完全泄漏时，在怀疑的部位涂上洗涤灵通过有无气泡出现就可确认是否泄漏，而对于制冷剂完全泄漏的机型需为制冷系统加注少量制冷剂或打压后，再为怀疑的部位涂些洗涤灵、肥皂水，通过有无气泡产生，才能确认。

提 示

由于室外热交换器多用做冷凝器，不仅工作环境恶劣，而且工作温度高、压力大，还会受到压缩机振动的影响，所以比较容易发生泄漏故障。而室内热交换器多用做蒸发器，不仅工作环境好，而且工作温度低、压力小，所以它很少发生泄漏故障。

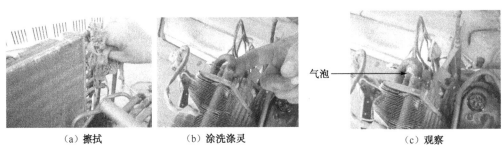

（a）擦拭   （b）涂洗涤灵   （c）观察

图 4-10   热交换器容易泄漏的部位

技能 3   四通阀

四通阀也叫四通电磁阀、四通换向阀，它们都是四通换向电磁阀的简称。四通阀主要是通过切换制冷剂的走向，改变室内、室外热交换器的功能，实现制冷或制热功能，也就是说它是热泵冷暖型空调器区别于单冷型空调器最主要的器件之一。典型的四通阀实物外形和安装位置如图 4-11 所示。

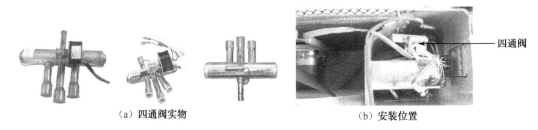

（a）四通阀实物   （b）安装位置

图 4-11   四通阀实物与安装位置

▶ 1. 构成

四通阀由电磁导向阀和换向阀两部分组成。其中，电磁导向阀由阀体和电磁线圈两部分组成。阀体内部设置了弹簧和阀芯、衔铁，阀体外部有 C、D、E 三个阀孔，它们通过 C、D、E 三根导向毛细管与换向阀连接。四通阀的阀体内设半圆形滑块和两个带小孔的活塞，阀体外有管口 1、管口 2、管口 3、管口 4 四个管口，它们分别与压缩机排气管、吸气管、室内热交换器、室外热交换器的管口连接，如图 4-12 所示。

▶ 2. 工作原理

（1）制冷状态

四通阀的制冷状态切换示意如图 4-13 所示，当空调器设置于制冷状态时，电气系统不为电磁导向阀的线圈提供 220V 市电电压，线圈不能产生磁场，衔铁不动作。此时，弹簧 1 的弹力大于弹簧 2，推动阀芯 A、B 一起向左移动，于是阀芯 A 使导向毛细管 D 关闭，而阀芯 B 使导向毛细管 C、E 接通。由于换向阀的活塞 2 通过 C 管、导向阀、E 管接压缩机的回气管，所以活塞 2 因左侧压力减小而带动滑块左移，将管口 4 与管口 3 接通，管口 2 与管口 1 接通，此时室内热交换器作为蒸发器，室外热交换器作为冷凝器。这样压缩机排出的高压高温气体经换向阀的管口4和管口3进入室外热交换器，利用室外热交换器冷凝散热，再经毛细管降压后送入室内热交换器，利用室内蒸发器吸热汽化后，经管口1和管口2构成的回路返回压缩机。因此，空调器工作在制冷状态。

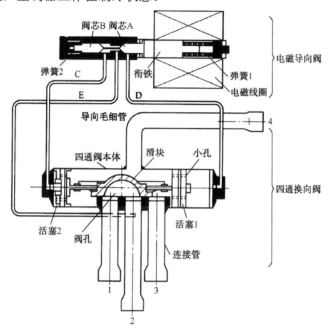

图 4-12 四通阀内部结构

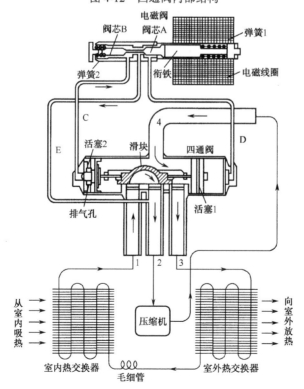

图 4-13 四通阀的制冷状态切换示意

（2）制热状态

四通阀的制热状态切换示意如图 4-14 所示，当空调器设置于制热状态时，电气系统为导向阀的线圈提供 220V 市电电压，线圈产生磁场，使衔铁右移，致使阀芯 A、B 向右移动，于是阀芯 A 使导向毛细管 D、E 接通，而阀芯 B 将导向毛细管 C 关闭。由于换向阀的活塞 1 通过 D 管、导向阀、E 管接压缩机的回气管，所以活塞 1 因右侧压力减小而带动滑块右移，将管口 4 与管口 1 接通，管口 3 与管口 2 接通，此时室内热交换器作为冷凝器，室外热交换器作为蒸发器。这样压缩机排出的高压高温气体经换向阀的管口 4 和管口 1 构成的回路进入室内热交换器，利用室内热交换器开始散热，再经毛细管节流降压后进入室外热交换器，利用室外交换器吸热汽化，随后通过管口 3 和管口 2 构成的回路返回压缩机。因此，空调器工作在制热状态。

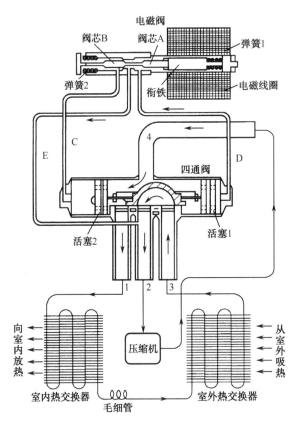

图 4-14 四通阀的制热状态切换示意

3. 检测

（1）温度的检测

对于四通电磁阀可采用摸它左右两端毛细管温度进行判断，若两根毛细管的温度一样，说明换向阀换向损坏，而正常时是一根热、一根凉。

（2）换向的检测

在四通阀的线圈未输入市电电压时，用手指堵住四通阀的管口 1、2，如图 4-15（b）所示,由管口 4 吹入氮气,管口 3 应有气体吹出,如图 4-15(c)所示。当线圈输入市电电压后,用手指堵住四通阀管口 2 和 3,由管口 4 吹入氮气,在听到内部滑块动作声的同时,管口 1 应有气体吹出。否则,说明四通阀不能换向。

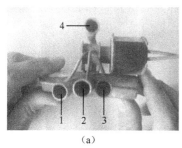
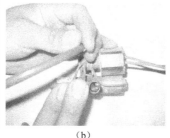
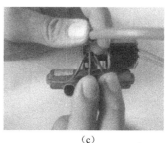

（a）　　　　　　　　　　（b）　　　　　　　　　　（c）

图 4-15　四通阀阀芯的检测

 提　示

电磁阀线圈检测的内容在空调器电气系统故障检修部分进行介绍。

4. 常见故障检修

四通阀异常会产生制冷正常、不能制热或制冷、制热效果差的故障。

因四通阀的线圈没有供电或线圈异常使导向阀内的衔铁不能动作,就会产生制冷正常,不能制热或可以制热,不能制冷的故障。而导向阀内的衔铁动作不畅、阀芯或弹簧异常会产生制冷、制热效果差的故障。换向阀内的活塞、滑块异常多会产生制冷、制热效果差的故障,也会产生不能制冷或制热的故障。而阀芯磨损、阀体变形可能会导致压缩机排出的气体直接返回到压缩机,即串气故障。

对于四通电磁阀可采用摸它左右两端毛细管温度进行判断,正常时一根热、一根凉。若两根毛细管温度基本一样,说明换向阀换向不正常,而为四通阀的线圈输入驱动电压后,若不能听到导向阀内的衔铁发出"咔嗒"的动作声,说明线圈异常;若衔铁可以发出"咔嗒"声,说明换向阀损坏或系统发生堵塞或制冷剂严重泄漏。通过截止阀排放制冷剂,若系统内能排出大量的制冷剂,说明故障不是由于制冷剂不足所致,而是由于系统堵塞或四通阀损坏所致。对于四通阀的准确判断,可在拆卸四通阀后进一步检测来确认。

注　意

焊接四通阀时,必须要利用湿毛巾为它散热降温,以免它阀体受热变形,影响空调器正常工作,如图 4-16 所示。

图 4-16　湿毛巾为四通阀降温示意

技能 4　高压、低压截止阀的检测

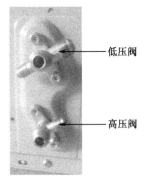

图 4-17　高压阀、低压阀
所在室外机的位置

空调器采用的高压截止阀（简称为高压阀）和低压截止阀（简称为低压阀）安装在室外机的入口、出口处，如图 4-17 所示。

1. 高压、低压截止阀的作用

高压截止阀用于将室外机的高压管与室内机配管（细铜管）的连接，低压阀用于室外机低压管与室内机连接配管（粗铜管）的连接。这样，空调器出厂时工厂可按要求为室外机加注制冷剂，然后通过关闭高压、低压阀来存储制冷剂；空调器安装的最后一道工序就是将高压、低压阀打开，使室外机内的制冷管路通过连接配管与室内机制冷管路接通，形成一个完整的制冷剂循环系统。维修室内机及连接配管时，又可利用高压、低压截止阀将制冷剂回收到室外机内。也正是因为安装了低压阀，不用焊接就可以将制冷系统与维修设备连接起来，从而简化了制冷系统的维修步骤，因此，许多维修人员都认为维修空调器的制冷系统要比维修电冰箱的制冷系统还轻松简单。

> **提　示**
>
> 由于低压截止阀有维修功能，所以许多维修人员将它们称为维修阀。

2. 高压、低压截止阀的选用

高压截止阀只负责室外机高压管与细连接配管的连接，通常采用二通截止阀即可（只有部分空调器采用三通高压截止阀）；低压截止阀不仅要将低压管路（粗管）与室外机管路连接在一起，而且要在维修时能与真空泵、制冷剂瓶等维修设备进行连接，所以必须使用三通截止阀。典型的二通、三通截止阀的实物外形如图 4-18 所示。

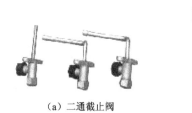

（a）二通截止阀　　　　　　　　（b）三通截止阀

图 4-18　二通、三通截止阀实物

3. 工作原理

（1）二通截止阀

二通截止阀内部构成如图 4-19 所示，二通截止阀是由定位调整口和两条相互垂直的管路组成。其中一个管口与室外机管路相连，另一个管口通过扩口螺母与室内机组的细配管相连。定位调整口阀杆有阀孔座，阀杆上套了石墨石棉绳（或耐油橡胶）密封圈，再用压紧螺丝密封，确保气体不会从阀杆处泄漏。拧开阀杆密封帽（带有垫圈铜帽），插入相应尺寸的内六角扳手，就可以拧动阀杆上的压紧螺丝。顺时针拧动时阀杆下移，阀孔闭合，该二通截止阀处于关闭状态，空调器出厂时就关闭截止阀，使制冷剂存储在室外机机组内；逆时针拧动时阀杆上移，阀孔打开，使截止阀的两个管口连通，空调器安装后就需要打开截止阀，使制冷剂能够流通。

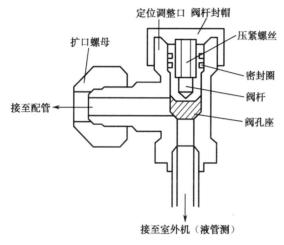

图 4-19　二通截止阀内部构成

（2）三通截止阀

三通截止阀就是控制三个管口通断的截止阀，在二通截止阀的基础上加了一个维修管口。三通截止阀有两种：一种是维修管口内有气门销的三通截止阀；另一种是维修管口内无气门销的三通截止阀。目前，空调器通常采用带气门销的三通截止阀，所以下面仅介绍此类截止阀的工作原理。

有气门销的三通截止阀由两个管路连接口、一个阀门开闭控制口、一个维修口构成，如图 4-20 所示。通常情况下，维修口内的气门销（阀针）自动将维修口与其他管口断开，并为管口盖好防尘螺帽。维修时，用内六角扳手向内按压气门销，自动将维修管口与室外机的配管接通。而安装空调器后，通过按压气门销就可以完成管路的排空工作。另外，室外机连接口与配管管口的通断控制与二通截止阀相同，也是通过在阀门开闭调节口插入内六角扳手进行调节。

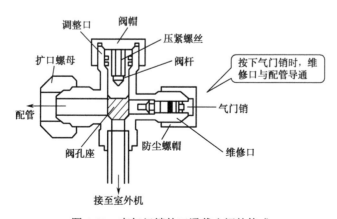

图 4-20　有气门销的三通截止阀的构成

▶4. 常见故障检修

二通截止阀、三通截止阀密封不严，会产生制冷效果差，甚至不制冷的故障。

二通、三通截止阀质量差或涂抹的阀门关不死，是导致制冷剂泄漏的主要原因，或在拆机时操作不当引起制冷剂泄漏。

二通、三通截止阀的故障比较好判断，漏气部位一般有油渍、灰尘，通过查看或涂抹洗涤灵就可以确认。为了防止误判，用抹布将接口部位清理干净后，再倒一些洗涤灵，通过有无气泡来检漏，如图 4-21 所示。二通、三通截止阀损坏后，应更换同规格的截止阀。

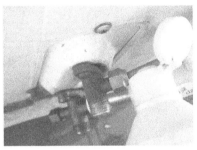

图 4-21　用洗涤灵对截止阀进行查漏

技能 5　节流器件的检测

在空调器系统中，制冷剂需要保持一定的蒸发压力和冷凝压力，以便于汽化吸热、冷凝散热。其蒸发压力要利用节流器件来控制流入蒸发器制冷剂的流量来实现。

▶1. 节流器件的种类

空调器的节流器件有毛细管和膨胀阀两种。单冷式空调器和部分冷暖式空调一般采用毛细管实现节流；部分高档冷暖式空调器因制冷、制热状态下的冷凝器和蒸发器不同，制冷剂走向不同，采用两个毛细管或一只膨胀阀进行节流；大型空调器因制冷量大，一般采用膨胀阀进行节流。

▶2. 工作原理

（1）毛细管

空调器常用的毛细管一般直径为 1~3mm，壁厚为 0.5mm 的紫铜管，如图 4-22 所示。

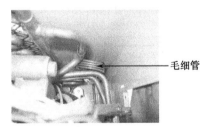

毛细管

（a）实物　　　　　　　　（b）安装位置

图 4-22　毛细管

毛细管对制冷剂的阻力大小（节流量的大小）受其长度和内径大小的控制，也就是控制了冷凝器和蒸发器之间的压差比。而冷凝器和蒸发器之间的压差比既要保证制冷剂在蒸发器内完全汽化，又要保证压缩机停止运转后，低压部分与高压部分的压力保持平衡，确保压缩机的启动运转。

　　（2）膨胀阀

　　膨胀阀包括热力膨胀阀和电子膨胀阀两种。电子膨胀阀主要应用在变频空调内，所以下面仅介绍热力膨胀阀检测。热力膨胀阀又包括内平衡热力膨胀阀和外平衡热力膨胀阀两种。目前，常见的是外平衡热力膨胀阀。外平衡热力膨胀阀的实物外形如图 4-23（a）所示，它主要由感温包、毛细管、外平衡管、阀体构成。

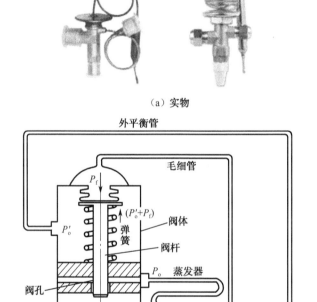

（a）实物

（b）构成

图 4-23　外平衡热力膨胀阀

　　外平衡热力膨胀阀构成如图 4-23（b）所示，外平衡热力膨胀阀的一个管口接在蒸发器进口管上，另一个管口通过一段外平衡管接在蒸发器的出口管上，以便为膨胀阀提供平衡压力，而它的感温包也紧贴在蒸发器出口管上。当蒸发器出口管的温度升高，被感温包检测后，使感温包内的感温剂的体积增大，通过毛细管为波纹管提供的压力增大，波纹管伸长，使阀孔增大，制冷剂的流量增加；当蒸发器出口管的温度下降，被感温包检测后，使感温包内的感温剂的体积缩小，通过毛细管为波纹管提供的压力减小，在弹簧的作用下波纹管缩短，使阀孔关小，减小了制冷剂的流量。这样，根据空调器制冷（热）效果来调节制冷剂的流量，进而调节冷凝器和蒸发器压差比，提高蒸发器的工作效率，实现制冷（热）效果的最佳自动控制。

3. 常见故障检修

节流器件常见故障现象是引起制冷剂泄漏或堵塞，产生不制冷或制冷效果差的故障。

毛细管泄漏制冷剂的主要原因是因为腐蚀、磨损或折断所致。膨胀阀泄漏制冷剂的主要原因是膨胀阀管口与管路连接部位安装或焊接不当所致。一般的泄漏点通过查看就可以发现，若不能确认，也可以利用洗涤灵、肥皂水查漏后确认。

而堵塞包括冰堵、脏堵和焊堵三种。系统内水分过大是引起"冰堵"的主要原因；灰尘、油垢等杂质是引起脏堵的主要原因；而焊堵主要是因为焊接不当所致。

> **提 示**
>
> 因空调器的管路较粗，所以很少发生冰堵故障。

热力膨胀阀异常引起的制冷效果差的故障时，可先检查感温包是否脱离检测位置，若正常，再更换热膨胀阀。

技能 6　单向阀的检测

热泵式空调器需要通过单向阀来保证制冷、制热的效果。单向阀又叫止逆阀，典型的单向阀实物外形如图 4-24 所示。单向阀表面上标注的箭头用来表示制冷剂的流动方向。它的安装位置如图 4-25 所示。

图 4-24　单向阀实物

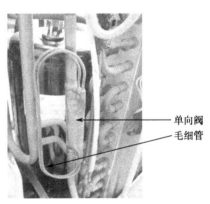

单向阀

毛细管

图 4-25　单向阀的安装位置

▶ **1. 构成**

单向阀有球形阀和针形阀两种。它们内部构成如图 4-26 所示。

▶ **2. 控制原理**

单向阀在制冷系统的作用如图 4-27 所示，单向阀与辅助毛细管并联，用于控制辅助毛细管是否参与对制冷剂的节流降压。当空调器工作在制冷状态时，单向阀内的钢珠或阀针在制冷剂推动作用向左移动，使单向阀导通，将辅助毛细管短路，节流降压功能由主毛细管完成；当空调器工作在制热状态时，钢珠或阀针在制冷剂的推动下向右移动并顶住阀座（或阀体），使制冷剂无法通过，辅助毛细管与主毛细管串联后对制冷剂进行节流降压，这样降低了流入室外热交换器（蒸发器）制冷剂的工作压力，使制冷剂在温度较低的环境下也能完全蒸发，确保室外交换器从室外空气中吸收更多的热量，从而提高制热效果。

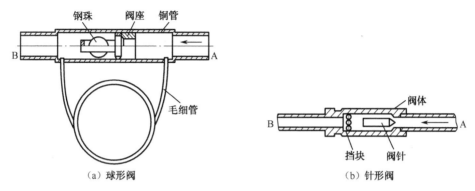

图 4-26　单向阀的结构

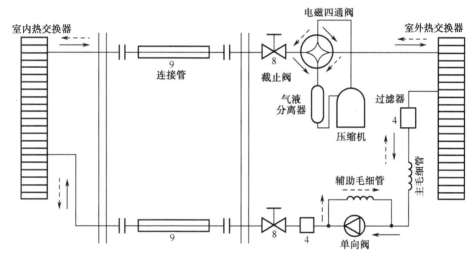

图 4-27　单向阀在制冷系统的作用

▶3. 常见故障检修

单向阀的故障率极低，它损坏形式主要有始终接通或始终截止两种形式。始终接通后虽然不影响制冷，但会产生制热效果差的故障。而始终截止后不影响制热，但会产生制冷效果差的故障。

单向阀异常多因它内部的挡块、阀针等损坏所致。单向阀正常时，用手晃动可以听到钢珠或阀针撞击阀体的声音。沿单向阀表面标注的箭头方向吹入气体，另一管口应有气体吹出，否则说明单向阀不能导通；如果沿箭头反方向吹入气体，另一管口应无气体吹出，否则说明单向阀不能截止或漏气。

技能 7　干燥过滤器的检测

干燥过滤器简称过滤器，它安装在室外交换器和毛细管之间，主要用于吸收制冷系统中残留的水分和灰尘、油垢、金属等杂物，以免它们进入毛细管，产生"冰堵"或"脏堵"故障。它的实物外形如图 4-28 所示。

1. 构成

干燥过滤器采用一次性封闭结构，它主要由吸湿剂（干燥剂）、过滤网、入口、出口和外壳构成，如图 4-29 所示。

图 4-28　干燥过滤器实物

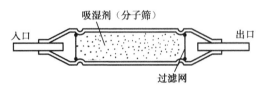

图 4-29　干燥过滤器结构

> **提示**
>
> 由于空调器的管路较粗，一般不会发生冰堵的故障，所以许多空调器未使用干燥过滤器，而有的空调器采用的干燥过滤器内部也没有填充干燥剂，这与电冰箱采用的干燥过滤器截然不同。

2. 常见故障检修

（1）常见故障

干燥过滤器损坏常见的现象是引起堵塞，产生不制冷或制冷差的故障。干燥过滤器的堵塞包括脏堵和焊堵两种，均是维修不当引起。若干燥过滤器结露、结霜，并且用手摸干燥过滤器表面的温度较低，就可怀疑干燥过滤器堵塞，如图 4-30（a）所示。压缩机正常运转后，用割管刀在距干燥过滤器管口 2cm 处的位置割断毛细管，如图 4-30（b）所示，如果割断的毛细管无气体排出，说明干燥过滤器异常，如图 4-30（c）所示。

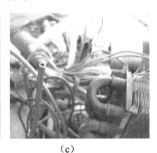

（a）　　　　　　　　（b）　　　　　　　　（c）

图 4-30　干燥过滤器的检测

> **注意**
>
> 割断毛细管时，应保证毛细管的管口畅通，以免误判。当毛细管排出制冷剂时，要避免喷到裸露的皮肤上，以免被冻伤。

（2）故障原因及检测

干燥过滤器损坏主要是由于吸收过多水分引起它内部的干燥剂失效或干燥剂老化，也有的是在焊接干燥过滤器、毛细管时将干燥过滤器损坏。若晃动干燥过滤器时，不能发出清脆的颗粒撞击声，则说明干燥剂失效；若能倒出干燥剂颗粒，则说明过滤网被捅漏。

技能8 双通电磁阀的检测

双通电磁阀是一种电动控制"通断"的截止阀。双通电磁阀有两种：一种是两个端口水平安装的普通电磁阀；另一种是两个端口垂直安装的旁通电磁阀，如图4-31所示。

图4-31 双通电磁阀实物

1. 构成和工作原理

双通电磁阀由电磁线圈、复位弹簧、阀杆、阀体构成，如图4-32所示。电磁线圈没有供电时不能产生磁场，阀杆在复位弹簧的作用下将管口封闭，制冷剂因管路被切断而停止流动；当电磁线圈有供电后，线圈产生磁场将阀杆吸起，两个管口接通，制冷剂能够通过。

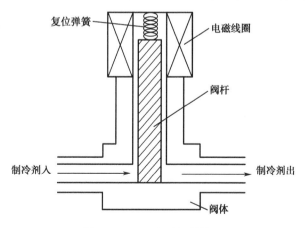

图4-32 双通电磁阀的构成

2. 双通电磁阀的应用

普通电磁阀多应用在一拖二或部分三相电空调器中。而旁通电磁阀多应用在具有特殊除湿功能的空调器中。

（1）普通电磁阀

普通电磁阀的应用方框图如图 4-33 所示，当室外机内的电脑板检测到室内 A、室内 B 的温度高于设置温度时，电脑板输出控制信号使电磁阀 A、电磁阀 B 的电磁线圈得到供电，于是电磁阀 A、B 的阀门打开，使制冷剂能够通过室内机的 A、B 的蒸发器吸热，室内 A、B 开始降温。当室内 A 或室内 B 温度降到设置值，被传感器检测后送给电脑板，于是电脑板输出控制信号使电磁阀 A 或电磁阀 B 的线圈的供电电路被切断，于是电磁阀 A 或电磁阀 B 切断制冷剂通路，于是室内 A 或室内 B 停止制冷，从而实现切换控制。

（2）旁通电磁阀

旁通电磁阀的应用方框图如图 4-34 所示，压缩机排出的制冷剂一路通过室外热交换器、干燥过滤器、毛细管、室内热交换器构成的回路返回压缩机；另一路通过旁通电磁阀、毛细管直接返回压缩机。

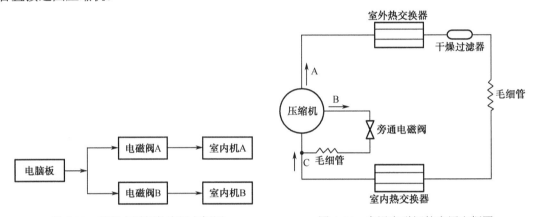

图 4-33　普通电磁阀的应用方框图　　　　图 4-34　旁通电磁阀的应用方框图

空调器处于制冷、制热状态时，电脑板不为旁通电磁阀的线圈供电，使它处于关闭状态，热交换器满负荷工作，空调器处于正常的制冷、制热状态。当空调器进入除湿状态时，电脑板输出控制信号，为旁通电磁阀的线圈供电，使旁通电磁阀打开，于是压缩机输出的一部分制冷剂通过毛细管节流降压后，从压缩机的吸气管口直接返回到压缩机，以减少制冷剂在蒸发器的流量，使蒸发器内的制冷剂更好地被汽化，提高了蒸发器的温度，满足除湿的需要。

另外，当空调器在超高温天气下运行时，压缩机会过热。此时，若打开旁通电磁阀，使压缩机排出的高压制冷剂通过毛细管节流后，返回到压缩机，对压缩机进行降温，虽然制冷性能有所下降，但却提高了空调器工作的安全性和可靠性。

▶3. 常见故障检修

双通电磁阀的故障率极低，它损坏形式主要有始终接通或始终截止两种形式。

为双通电磁阀的线圈通电、断电，若不能听到阀芯吸合、释放所发出的声音，则说明电磁阀的线圈损坏或阀芯未工作。

技能 9　压力控制器的检测

压力控制器又称压力开关、压力继电器。压力开关就是通过检测压力对开关通断进行控制的器件。仅部分空调器设置高压、低压压力开关。

1. 分类

压力开关按功能可分为高压压力开关和低压压力开关两种；按构成可分为波纹管压力开关和薄壳式压力开关两种。

2. 构成和工作原理

（1）波纹管式压力开关

波纹管式压力开关是空调器中应用最广泛的压力开关，常见的波纹管式压力开关实物如图4-35所示。波纹管式压力开关由波纹管、顶力棒、碟形簧片、压差调节盘、调节弹簧、传动杆、微动开关等构成，如图4-36所示。

图4-35　常见的波纹管式压力开关实物

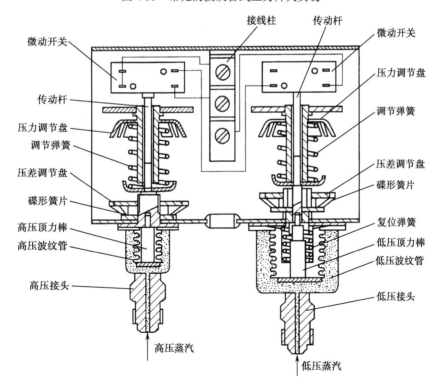

图4-36　波纹管式压力开关的构成

高压压力开关用于检测压缩机排气管压力。正常工作期间，高压压力开关处于接通状态，当检测压缩机排气管压力超过设置值后，波纹管伸长，通过传动杆使微动开关断开，切断压缩机的供电电路，使压缩机停止工作，确保系统内的压力恢复到正常范围内，以免制冷剂的压力过大给系统带来危害。通过调整它上面的调节螺钉，可设置保护值的大小。

低压压力开关用于检测压缩机吸气管压力，工作原理和高压压力开关相同。

（2）薄壳式压力开关

典型的薄壳式压力开关实物外形如图 4-37 所示，它主要由膜片、静触点、动触点、顶杆、导线、外壳构成，如图 4-38 所示。

图 4-37　薄壳式压力开关实物

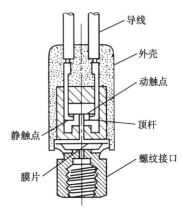

图 4-38　薄壳式压力开关构成

薄壳式压力开关在压缩机正常工作期间，动触点与静触点处于吸合状态，当检测到制冷剂的压力超过设置值后，膜片的位置发生位移，通过顶杆使动触点脱离静触点，切断压缩机供电电路，使压缩机停止工作，确保系统内的压力恢复到正常范围，以免压力过大给系统带来危害。

3. 常见故障检修

压力开关异常会产生不制冷或保护功能失效的故障。

当压力开关输出保护信号使压缩机不工作时，可在未保护前测压缩机排气管压力或吸气管的压力，若压力正常，则说明相应的压力开关损坏。当然，采用相同型号的压力开关代换检查会更准确。

技能 10　储液器的检测

储液器也叫气液分离器，俗称储液罐。它安装在蒸发器与压缩机回气管之间，而对于旋转式压缩机，它会直接安装在外壳的一侧，如图 4-39 所示。

1. 作用

储液器主要作用是存储液态制冷剂。当环境温度低时，参与系统循环的制冷剂减少，过量的制冷剂就存储到储液器内；环境温度高时，参与系统循环的制冷剂增加，储液器内的制冷剂开始参与循环，确保不同环境温度时制冷效果最佳。另外，它还可以防止制冷剂的液-

液循环，导致"液击"压缩机的现象。

2. 构成与工作原理

旋转压缩机配套的气液分离器由进气管、出气管、过滤网、筒体（外壳）构成，如图 4-40 所示。

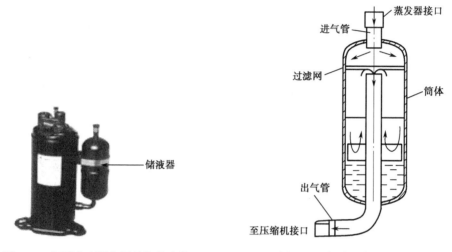

图 4-39　气液分离器与压缩机的实物　　　　图 4-40　气液分离器的构成

来自蒸发器的制冷剂通过进气管进入气液分离器，通过过滤器落入筒底，若是液体制冷剂就存储在筒内，而其他的制冷剂则通过出气管流入压缩机，避免了"液击"压缩机的现象。

3. 常见故障检修

（1）常见故障

储液器的故障率极低，它损坏形式主要是管口的焊接部位（焊口）泄漏制冷剂，产生制冷效果差、不制冷的故障。

（2）故障原因及检测

检查储液器管口的焊口有无油污，若有，擦净后涂抹洗涤灵，若有气泡出现，则说明这个焊接部位泄漏，如图 4-41（a）所示。维修中发现，有的储液器损坏得比较严重，焊口出现裂痕，如图 4-41（b）所示。

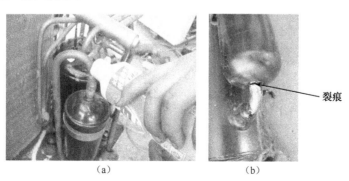

（a）　　　　　　　　　　　（b）

图 4-41　压缩机储液器的检测

任务 3　制冷系统典型故障检修

技能 1　典型故障分析

▶ 1. 压缩机运转，但不制冷

压缩机运转，但不制冷有始终不制冷和间歇性不制冷两种现象。始终不制冷故障的主要原因：一是配管与室外机、室内机连接部位漏；二是冷凝器漏；三是蒸发器漏；四是压缩机异常。而冷暖型空调器的四通阀漏也会产生该故障。间歇性不制冷故障的主要原因：一是毛细管异常引起冰堵或脏堵；二是过滤器异常引起冰堵或脏堵。

对于始终不制冷故障，依次检查以上部分是否泄漏，若是，处理后加注制冷剂；若正常，检查压缩机即可。对于脏堵故障在更换毛细管或过滤器后，并加注制冷剂即可排除。

▶ 2. 制冷效果差

该故障的主要故障原因：一是工作模式或温度设置错误；二是高压、低压配管的保温层不良；三是温度传感器异常；四是制冷系统泄漏；五是通风系统异常；六是四通阀损坏；七是压缩机性能差。

对于该故障，首先检查工作模式或温度设置是否正常，若不正常，重新设置；若正常，查看高压、低压配管的保温层是否正常，若不正常，重新包扎；若正常，通过测量阻值或代换的方法检查温度传感器是否正常，若不正常，需要更换；若正常，检查制冷系统是否泄漏；若泄漏，处理泄漏点并补充制冷剂；若不泄漏，检查通过系统是否正常，若不正常，进行维修；若正常，检查四通阀和压缩机。

> 💡 提示
>
> 由于分体式空调器的管路上有多个连接部位，日久天长后就可能发生微小泄漏，这就是一般分体空调器正常使用几年后容易发生制冷效果差的故障。对于这种情况，无须为系统抽空，重新处理连接部位后加注制冷剂即可。

▶ 3. 制冷正常，不制热

冷暖型空调器制冷正常，不制热故障的主要原因是四通阀、单向阀并联的毛细管异常。

对于该故障，首先检查该机是否始终不能制热，还是间断性制热，若始终不能制热，测四通阀的线圈有无 220V 市电电压，若有，查四通阀；若没有，查供电电路。若空调器只能间断性制热，要检查单向阀并联的毛细管。

> 💡 提示
>
> 极少空调器的四通阀线圈有 220V 供电时工作在制冷状态，而没有供电时工作在制热状态。对于此类空调器应通过切换制冷、制热控制后，检测四通阀线圈能否正常输入供电电压后，才可以确认四通阀是否正常。

4. 制冷正常，制热效果差

冷暖型空调器制冷正常，制热效果差故障的主要原因是温度设置、温度检测电路、四通阀或单向阀异常。

对于该故障，首先检查温度设置是否正常，若不正常，重新设置即可；若正常，检查温度检测电路是否正常；若不正常，维修该电路；若正常，检查四通阀和单向阀。

技能 2　常用的维修方法

1. 直观检查法

直观检查法是检修空调器制冷系统的最基本方法。它是通过一看、二听、三摸、四闻来判断故障部位的检修方法，维修中可通过该方法对故障部位进行初步判断。而实际上，该方法也最容易被初学者和许多维修人员忽略，他们接到故障机后，没有耐心地询问用户，就开始大刀阔斧地进行拆卸，而有时不仅不能快速排除故障，还可能会惹上麻烦，所以在维修前，仔细向用户询问故障特征、故障的形成是很重要的，对于许多故障的检修工作可事半功倍。

（1）问

问是检修空调器制冷系统最基本的方法。比如，在检修不制冷故障时，若用户讲，不制冷是缓慢出现的，说明是系统泄漏引起的；若突然不制冷，说明是电气系统异常引起的；若不制冷是由于移机引起的，说明是由于操作不当所致。再比如，若移机后出现制冷差的故障，多因配管与室内机、室外机的连接处连接不当或截止阀没完全关闭，导致制冷剂泄漏。

（2）看

看就是通过观察来发现故障部位和故障原因的检修方法。比如，在检修不制冷或制冷差的故障时，通过察看可以检查以下部位。

一是，察看室内热交换器、室外热交换器是否过脏，如图 4-42 所示，若过脏，需要清洗。二是，察看风扇旋转是否正常，若不旋转，需要维修通风系统。三是察看高压截止阀、低压截止阀螺母以及所接配管管口是否正常，如图 4-43 所示；四是，察看热交换器、四通阀、压缩机与铜管的连接或焊接部位有无油渍，如图 4-44 所示，若有，说明该处泄漏。五是察看室内热交换器（蒸发器）仅局部结霜或结露，若结霜，说明制冷剂不足；若蒸发器表面全部结霜，说明空气过滤器、室内热交换器脏或室内机的贯流风扇运转不正常；若蒸发器前面结冰，说明制冷剂不足或压缩机性能差；若蒸发器后面结冰，说明蒸发器过脏；若蒸发器下部结冰，说明温度控制系统异常。

图 4-42　察看室内热交换器

图 4-43　察看配管管口是否正常

图 4-44　察看室内热交换器连接部位有无油渍　　图 4-45　察看四通阀、压缩机连接部位有无油渍

再比如，为空调器的制冷系统打压后，可通过查看压力表的读数是否发生变化，判断制冷系统是否泄漏。

为空调器加注制冷剂后，若发现回气管或低压截止阀结霜或压缩机回气管侧结霜，说明加注的制冷剂过量。

（3）听

听就是通过耳朵听来发现故障部位和故障原因的检修方法。比如，在检修能制冷但制冷效果不好的故障时，若压缩机在运转时有喷气的声音或停机时有跑气的声音，说明压缩机内的机械系统损坏；如果毛细管或膨胀阀无气流发出的叫声，说明系统完全堵塞，若毛细管或膨胀阀有断续气流声，说明管路出现时堵时通故障。

（4）摸

摸就是通过用手摸来发现故障部位和故障原因的检修方法。比如，检修压缩机运转，但不制冷的故障时，摸冷凝器和蒸发器回气管的温度异常，判断制冷系统异常，如图 4-46 所示。再比如，检修制热效果差的故障时，通过摸毛细管和四通阀，判断它们是否正常，如图 4-47 所示。

> 💡 提示
>
> 空调器正常时，用手摸冷凝器时应发热（温度为 40～50℃），用手摸蒸发器回气管时发凉（温度为 15℃左右）。

（a）摸冷凝器　　　　　　　　　　（b）摸蒸发器回气管

图 4-46　摸冷凝器、压缩机回气管温度判断故障部位

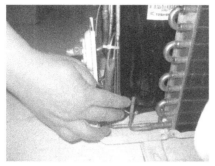

图 4-47 摸毛细管判断故障部位

检修噪声大故障时，若摸毛细管时噪声明显减小，说明毛细管共振，需重新固定；摸冷凝器时噪声明显降低，说明冷凝器松动；摸压缩机时噪声明显减小，说明压缩机松动。

2. 电流测量法

电流测量法就是通过测量空调器压缩机运行电流是否正常，来判断故障部位和故障原因的方法。比如，在检修制冷异常故障时，若运行电流偏离铭牌上标称值过多，说明压缩机或制冷系统异常；若电流为 0，说明压缩机没有供电或没有启动。测量时用钳形电流表比较方便，如图 4-48 所示。

图 4-48 压缩机运行电流的检测

3. 压力测量法

测量制冷系统的压力是维修空调器时最常用的检修方法之一。无论是为系统加注制冷剂，还是检修制冷、制热异常故障时，都可以通过测量低、高压侧的压力值，判断故障原因。检测低、高压压力值时，需要在空调器低压、高压截止阀处连接复合式压力表（维修阀、压力表组件），如图 4-49 所示。制冷剂不仅在高压系统、低压系统压力值不同，而且与环境温度有关，所以为了更好地使用该方法，应先了解制冷剂在高压系统、低压系统正常时的压力值，制冷剂 R22 在制冷系统高、低压压力值如表 4-1 所示。

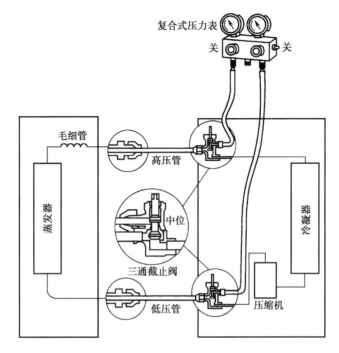

图 4-49　制冷系统低压、高压压力值检测连接示意

表 4-1　制冷剂 R22 在制冷系统内高、低压压力正常值

环境温度/℃	高压系统		低压系统	
	冷凝器温度/℃	排气管压力/MPa	蒸发器温度/℃	吸气管压力/MPa
30	35～40	1.25～1.4	4～6	0.47～0.5
35	40～50	1.4～1.83	5～7	0.48～0.52

　　引起低压压力值偏高的故障原因：一是室外风扇转速慢或不转、进风/出风口有异物堵塞，使室外通风系统工作异常；二是热交换器表面太脏或它的肋片倒塌，使制冷剂不能可靠冷凝；三是系统内进入空气；四是压缩机效率降低；五是膨胀阀开度过大；六是四通阀工作异常。而对于刚加注过制冷剂的空调器，还应检查制冷剂是否加注量过大。

　　引起低压压力值为负压的故障原因：一是制冷管路连接部位、压缩机、热交换器等器件发生泄漏，导致制冷系统内的制冷剂严重不足；二是毛细管变形、堵塞或膨胀阀感温包脱离感温位置、膨胀阀损坏，导致膨胀阀开度过小；三是管路出现严重堵塞。

　　引起高压压力值偏高的故障原因：一是室外风扇转速慢或不转、进风/出风口有异物堵塞，使室外通风系统工作异常；二是热交换器表面太脏或它的翅片倒塌，使制冷剂不能可靠的冷凝；三是制冷系统内进入空气；四是毛细管或膨胀阀堵塞。

　　引起高压压力值偏低的故障原因：一是制冷管路连接部位、压缩机、热交换器等出现泄漏点，导致制冷系统内的制冷剂严重不足；二是毛细管或膨胀阀完全堵塞；三是压缩机效率降低。

　　提　示

　　通常维修空调器的制冷/制热系统是在夏季等较高温度时进行，通过测量低压截止阀处的低压压力值就可判明故障原因，所以一般情况下是不需要购买价格较高的复合压力表。

4. 温度测量法

温度测量法就是通过电子温度计测量，通过测量室内机出风口温度判断空调器工作是否正常的方法。正常时，空调器在制冷状态下，将电子温度计的温度检测头接近蒸发器，测量的温度应一般为 7～10℃，如图 4-50 所示。如果数值偏离过大，说明制冷系统异常。故障原因主要是：一是室内风扇转速慢或不转、进风/出风口有异物堵塞，使进入的空气直接通过出风口排出；二是室外热交换器表面太脏或它

图 4-50 测量进风口、出风口温度

的肋片倒塌，使制冷剂不能可靠冷凝；三是制冷系统内进入空气，出现冰堵故障；四是制冷管路连接部位、压缩机、热交换器等出现泄漏点，导致制冷系统内的制冷剂严重不足；五是压缩机效率降低；六是四通阀工作异常。而对于刚加注过制冷剂的空调器，还应检查是否加注量过大或不足。

5. 清洗法

空调器不仅室外机工作条件恶劣，它的热交换器容易被灰尘、杂物覆盖，而且室内机也容易被灰尘覆盖，所以清洗热交换器就可以排除许多制冷、制热效果差的故障。目前清洗室内机多使用专业的清洗液。清洗室内热交换器时，将灌有专用清洗液的喷壶对着蒸发器表面进行喷洒即可，如图 4-51 所示。

（a）未拆外壳 （b）拆掉外壳

图 4-51 室内机热交换器的清洗

> 提示
>
> 若热交换器、扇叶较脏，应对空调器分解后进行清洗，分解与清洗的方法在项目 8 进行介绍。

任务4 截止阀、压缩机更换技能

本任务通过介绍截止阀、压缩机更换技能，让初学者掌握空调器制冷系统部件的更换方

法与技能。

技能 1　截止阀的更换

截止阀阀芯损坏或维修、安装不当等原因导致截止阀丝扣破损后，则需要更换截止阀，下面介绍低压截止阀的更换技能。

第一步，用内六角扳手打开低压截止阀，将系统内的制冷剂排放掉，如图 4-52（a）所示；第二步，一边用气焊对低压截止阀与过滤器间的焊口加热，一边用尖嘴钳子夹住与过滤器连接的毛细管，向外用力，如图 4-52（b）所示；第三步，焊开低压截止阀与过滤器的连接管口后，拆卸紧固低压截止阀的螺丝，如图 4-52（c）所示；第四步，将代换的低压截止阀固定后，将它的连接管插入过滤器端口，如图 4-52（d）所示；第五步，把湿抹布包在截止阀的连接管上，以免截止阀的阀芯过热损坏，如图 4-52（e）所示；第六步，用气焊对连接部位进行焊接，如图 4-52（f）所示；第七步用湿抹布对焊口进行降温，如图 4-52（g）所示；第八步用小镜子对焊口检漏，如图 4-52（h）所示。若焊口不圆润光滑，甚至假焊时，应重新焊接。

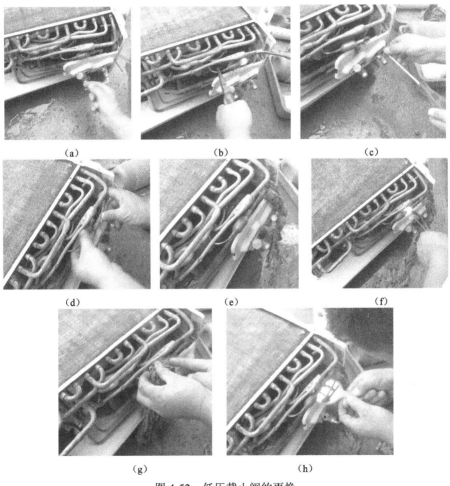

图 4-52　低压截止阀的更换

技能 2　压缩机的更换

▶ 1．待换压缩机的检测

为了防止待换的压缩机异常，给更换工作带来不必要的麻烦，需要对其进行检测。检测方法如下。

第一步，用套管拆掉固定端子盖的螺母，如图 4-53 所示。

第二步，将检测压缩机用的电气系统，正确接入待换压缩机电机的 3 个端子上，如图 4-54 所示。

图 4-53　待换压缩机的检测（1）　　　图 4-54　待换压缩机的检测（2）

第三步，检查接线正确后，用克丝钳夹住压缩机的一个固定脚，以免压缩机运转后跌倒，随后将检测用电系统的电源插头插入市电插座，若压缩机正常运转，说明压缩机正常，如图 4-55 所示。

若压缩机不能运转，可能是压缩机卡缸或电机绕组异常所致。检测电机绕组正常后，就可以怀疑卡缸了，此时，在不通电的情况下，抱起压缩机轻轻地在地面磕几下，通电后一般的卡缸现象就会消失，如图 4-56 所示。

克丝钳 ——

图 4-55　待换压缩机的检测（3）　　　图 4-56　待换压缩机的检测（4）

若新压缩机出现卡缸时，多因运输不当导致缺冷冻润滑油（简称冷冻油）所致。此时，将压缩机放倒，若不能在回气管口流出冷冻油，则说明严重缺油，如图 4-57 所示。为待换的压缩机加注冷冻油比较简单，此时，用克丝钳夹住压缩机的支脚，同时为压缩机通电使它运转，从压缩机回气管的管口缓缓倒入与制冷剂 R22 配套的冷冻油，如图 4-58 所示。

图 4-57　待换压缩机的检测（5）　　　　图 4-58　待换压缩机的检测（6）

2. 压缩机的安装

确认待换的压缩机正常后，则拆掉检测用的供电系统，就可以将该压缩机更换到故障机上。更换方法如下。

第一步，为室外机固定压缩机的螺杆套上合适或相应的减震垫，如图 4-59 所示；将压缩机的 3 个固定支架的孔与机壳上的 3 个螺杆对齐，如图 4-60 所示；为 3 个螺杆拧上螺母，如图 4-61 所示。

图 4-59　压缩机的安装（1）　　图 4-60　压缩机的安装（2）　　图 4-61　压缩机的安装（3）

第二步，整理管路，将排气管对准压缩机的排气管口，将回气管对准压缩机的回气管管口，如图 4-62 所示；将抹布用凉水浸湿后，包在四通阀的阀体上，对其进行冷却处理，如图 4-63 所示。

图 4-62　压缩机的安装（4）　　　　图 4-63　压缩机的安装（5）

> **！注 意**
>
> 拆卸压缩机时，也应该对四通阀进行降温，以免它内部元器件过热损坏。

第三步，用气焊对排气管和压缩机的排气管管口进行加热，如图 4-64 所示；当加热达到一定温度后，用克丝钳子夹住排气管，向下用力，将排气管的管口插入压缩机的排气管的管口内，同时对其进行焊接，如图 4-65 所示；焊接后的排气管口如图 4-66 所示。

图 4-64　压缩机的安装（6）　　图 4-65　压缩机的安装（7）　　图 4-66　压缩机的安装（8）

第四步，为了降低对四通阀的影响，取下四通阀上的湿抹布，并用它对焊口进行降温，如图 4-67 所示。

第五步，用气焊对回气管和压缩机的回气管管口进行加热，当加热达到一定温度后，用克丝钳夹住排气管，向下用力，将回气管的管口插入压缩机的回气管的管口内，如图 4-68 所示；随后，对其进行焊接，如图 4-69 所示；焊接后用湿抹布对焊口进行降温，如图 4-70 所示。

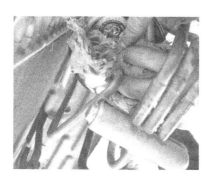

图 4-67　压缩机的安装（9）　　　　　图 4-68　压缩机的安装（10）

图 4-69　压缩机的安装（11）　　　　　图 4-70　压缩机的安装（12）

第六步，将为压缩机电机供电线路接好，如图 4-71 所示；随后，盖好端子盖，如图 4-72 所示；最后安装螺母并用套管拧紧，如图 4-73 所示。

图 4-71　压缩机的安装（13）　　　图 4-72　压缩机的安装（14）　　　图 4-73　压缩机的安装（15）

第七步，将压缩机运行电容的供电线路接好，如图 4-74 所示；结好线路后，对管路和线路进行整理，以免产生机振，如图 4-75 所示。

图 4-74　压缩机的安装（16）　　　图 4-75　压缩机的安装（17）

最后，将机器复原，再对系统抽空、加注制冷剂即可。

思　考　题

1．空调器是如何制冷/制热的？为什么制热期间要除霜？

2．压缩机都怎么分类？旋转式压缩机的构成是什么，以及它是如何工作的？压缩机损坏都会产生什么故障？

3．四通阀由什么构成？四通阀的工作原理是什么？热交换器哪些部位容易泄漏？热交换器异常都会产生什么故障？

4．高压、低压截止阀有什么作用？高压、低压截止阀由哪些构成？三通截止阀有什么特点？截止阀松动或损坏会产生什么故障。

5．单向阀有什么作用？它是如何工作的？

6．双通电磁阀有什么功能？它损坏后会产生什么故障？

7．更换截止阀需要注意什么？

8．更换压缩机前为什么要对它进行检测？焊接压缩机的连接管路时，为什么要给四通阀散热？

空调器通风系统故障检修

本项目通过实物外形示意图、内部结构图和简单的文字介绍了空调器通风、排水系统基本原理、主要器件的检测，故障现象及故障检测方法。

> **任务1** 掌握空调器通风系统的工作原理

知识1　分体壁挂式空调器通风系统的工作原理

分体壁挂式空调器的通风系统主要由进出风格栅、轴流风扇、贯流风扇、空气过滤网、风扇电机和风道组成。

1. 室内机通风系统

壁挂式空调器的室内机的通风系统有上出风和下出风两种，如图 5-1 所示。上出风室内机的安装位置应低一些，下出风室内机的安装位置要高一些，目前室内机多采用下出风方式。

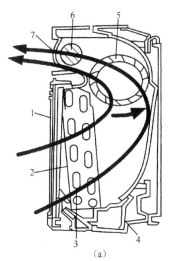

（a）

1—面板；2—空气过滤器；3—室内热交换器；
4—箱体；5—贯流风扇；6—导向叶片；7—出风格栅

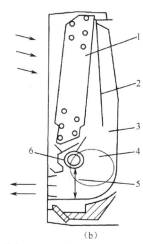

（b）

1—蒸发器；2—整流片；3—旋转涡；
4—轴流风扇；5—风路；6—气袋

图 5-1　壁挂室内机通风系统

参见图 5-1（a），空调器工作后，室内机里面的贯流风扇电机带动贯流风扇运转，将室内的热空气通过空气过滤器进行除尘、灭菌、除臭后吸入室内机，被室内机热交换器吸热（或散热）后，成为冷空气（或热空气）。冷空气或热空气沿风道经导风电机带动的导风（摇风）装置和出风栅将冷空气或热空气吹向室内。因此，室内空气经通风系统处理后不仅使温度、湿度发生变化，而且变得清新舒适。

◆ 2. 室外机通风系统

壁挂式空调器的室外机的通风系统如图 5-2 所示。

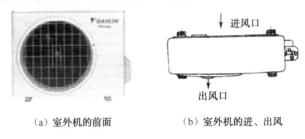

（a）室外机的前面　　　　（b）室外机的进、出风

图 5-2　室外机通风系统

空调器工作后，室外机里面的轴流风扇电机驱动轴流风扇开始旋转，将室外的空气从进风口吸入室外机，并吹向冷凝器为其散热（或在制热状态下吸热），热空气（或冷空气）通过出风口排出，使室外热交换器完成热量交换，从而实现室外通风系统的功能。

知识 2　分体柜式空调器通风系统的工作原理

分体柜式空调器室外机通风系统与壁挂式室外机通风系统相同，下面仅介绍室内机的通风系统。

柜机通风如图 5-3 所示，空调器工作后，室内机里面的铁壳风扇电机驱动离心风扇开始运转，将室内的空气从面板下部的进风口吸入室内机，被吸入的空气首先通过空气过滤器净化后，利用室内机的热交换器进行热交换而成为冷空气或热空气。冷空气或热空气沿风道经上面的出风口吹向室内。这样，室内空气经通风系统处理后不仅使室内空气的温度、湿度发生变化，而且变得清新舒适。

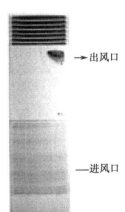

图 5-3　柜机通风

▶ 任务 2　通风、排水系统主要器件的检测

技能 1　风扇的检测

空调器采用的风扇有轴流风扇、离心风扇和贯流风扇三种。

▶ 1. 轴流风扇

轴流风扇多由 ABS 塑料注塑成型而成，它的叶片数量一般为 3～6 片，旋转时会使空气始终沿轴向流动，它也因此得名。常见的轴流风扇的实物如图 5-4（a）所示。

轴流风扇虽然具有成本低、风量大等优点，但也存在风压低和噪声大的缺点，所以空调器仅室外机采用轴流风扇为室外热交换器和压缩机等器件进行风冷散热。轴流风扇在室外机内的位置如图 5-4（b）所示。

（a）轴流风扇实物外形

（b）轴流风扇的安装位置

图 5-4　轴流风扇实物及其在室外机内的位置

> **提示**
> 目前，室外风扇的边缘做成锯齿状，这样可以降低噪声。

▶ 2. 离心风扇

离心风扇旋转时会产生离心力，在中心部位形成负压区，将气流沿轴向吸入风扇内，然后沿径向朝四周扩散，所以被称做离心风扇。典型的离心风扇实物如图 5-5（a）所示。

离心风扇由叶片、轮圈和轴承等组成，如图 5-5（b）所示。离心风扇安装在塑料涡壳内，空气通过进风口被吸入涡壳内，在叶轮的带动下形成气流后通过出风口排出，如图 5-5（c）所示。因此，柜机利用离心风扇将室内的空气吸入，经过滤、冷却后排出，实现降温除湿的目的。

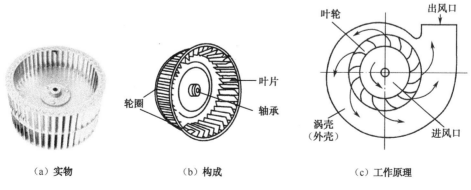

（a）实物　　　　　　　（b）构成　　　　　　　（c）工作原理

图 5-5　离心风扇构成和工作原理

▶ 3. 贯流风扇

贯流风扇类似细长圆筒，它的叶片采用前倾斜方式，气流沿叶轮垂直进入，贯穿叶轮后，从另一侧排出，它因此得名。贯流风扇主要由叶片、叶轮、防震圈（减震圈）和轴承组成，如图 5-6 所示。为了调节气流流动的方向，一般会将贯流风扇安装在两端封闭的涡壳内，于是被吸入风扇的空气在形成气流后排出，如图 5-7 所示。由于贯流风扇噪声小，所以广泛被应用在壁挂式室内机中。

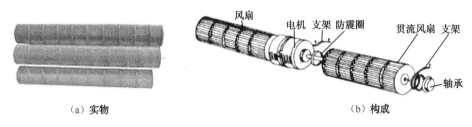

（a）实物　　　　　　　　　　　　　　　　（b）构成

图 5-6　贯流风扇实物和构成

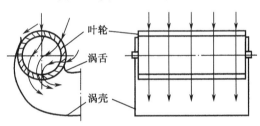

图 5-7　贯流风扇工作原理

▶ 4. 常见故障检修

风扇异常会产生风量小或噪声大的故障。

对于风量小故障，首先检查它表面或空气流动通道有无灰尘等异物，使空气流动不畅；其次检查它的固定螺钉是否松动，导致风扇不能和电机的转子同步旋转。

对于噪声大故障，首先通过查看风扇是否与其他器件或异物摩擦，其次检查风扇的减震圈、轴承是否老化或缺油。老化时要用相同规格、型号的器件更换；若轴承缺油时，需要为其加注润滑油。

技能 2　空气过滤器的检测

早期空调器的空气过滤器采用滤尘网（过滤网），新型空调器的空气过滤器不仅采用了滤尘网，而且还安装了清洁型过滤器。

▶ 1. 滤尘网

滤尘网多采用化纤或塑料加工成纱纶网状，它的实物外形和安装位置如图 5-8 所示。滤尘网紧贴在室内机内热交换器的表面安装，可以滤除进入室内机空气中的尘土。

（a）滤尘网实物　　　　　　　　　（b）滤尘网安装

图 5-8　滤尘网实物和安装位置

清洗过滤网时首先拔掉空调器的电源线，打开进风栅，取出过滤网并用水清洗或真空吸尘器吸尘即可。当过滤网太脏时，用除污剂或中性洗涤剂水清洗，而不能用 40℃以上的热水进行清洗。过滤网清洗干净后，晾干后重新装好即可。

2. 清洁型过滤器

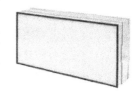

清洁型过滤器具有滤尘、杀菌、除臭等净化功能的新型空气过滤器，它的实物如图 5-9 所示。它采用多层过滤材料，最底层为丝网状的塑料纤维层，上层是折叠式泡沫塑料层。此类过滤器不能重复使用，它的边框上贴有色标，表示它的使用寿命。当色标的颜色变为白色时，说明过滤器失去过滤功能，需要更换同规格新品。

3. 常见故障检修

图 5-9　清洁过滤器实物

空气过滤器脏了以后会不仅使过滤功能失效，而且会产生降温除湿效果差的故障。

空气过滤器是否过脏通过查看就可以确认。若滤尘网脏了，清洗后可以再次使用，而清洁型空气过滤器脏了则需要用同规格产品更换。

技能 3　进、出风格栅的检测

1. 作用和构成

进、出风格栅就是用来调整空气进入室内机和从空气排风方向、扩散面积的装置。它由水平和垂直两层导风叶栅构成，水平格栅用于调节导风叶片的倾角，垂直格栅用于调节拍风的方向及扩散面积。它通常安装在室内机的面板内，它的实物外形如图 5-10 所示。

图 5-10　格栅实物

2. 常见故障检修

（1）故障原因

进、出风格栅一般不会发生故障，若损坏，多由于清洗不当等人为原因所致。

（2）检测

进、出风格栅是否损坏通过察看就可以确认。格栅损坏后，更换同规格产品即可排除故障。

技能 4　导风系统的检测

1. 作用和构成

导风系统也叫摆风系统，它的作用就是用来将室内机吸入的冷空气或热空气自动导出，实现大角度、多方向送风。导风系统由导风电机（摆风电机）、偏心轴、叶栅（摆动叶栅）、导风叶片和涡壳等构成，如图 5-11 所示。

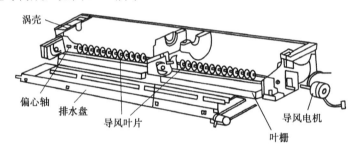

图 5-11　导风系统结构

通过遥控器上的风向调节键，导风电机的转子旋转，通过转轴驱动偏向轴旋转，进而控制叶栅处于定向送风状态，还是连续摆动送风状态。而向左或向右调整导风叶片时，会改变水平方向气流的方向。

> **注　意**
>
> 叶栅的位置不能用手动调节，以免损坏。

2. 常见故障检修

导风系统异常主要产生不能调整导风状态的故障。

导风叶片、叶栅是否损坏通过查看就可以确认。而导风电机是否损坏，通过检测电压和测量绕组的阻值的方法来判断。

技能 5　排水系统的检测

1. 作用和构成

排水系统是用来在制冷期间，将室内热交换器（蒸发器）产生的冷凝水排出机外的装置，它由排水槽、排水管构成。排水管在项目 3 内做过介绍，而排水槽与风门板作成一体，如图 5-12 所示。

排水槽

排水管

风门板

图 5-12　典型排水槽实物

2. 常见故障检修

排水系统异常主要产生不能排水、排水异常、漏水的故障。

不排水或排水异常时，应察看排水管或排水槽的孔是否被堵塞，若堵塞，清理即可。

漏水故障主要检查排水管是否破损，排水槽与排水管的连接部位是否松动。

任务3　通风、排水系统故障检修

技能1　典型故障分析

1. 通风异常

通风异常的主要原因：一是风扇电机不转，二是风扇扇叶与电机连接异常。

对于该故障通过察看电机是否运转就可以判断故障部位，若电机不运转，检查电机；若电机运转，检查风扇扇叶。

2. 噪声大

噪声大故障的主要原因：一是空调器安装的位置不平，压缩机运转后产生共振；二是风扇与其他部件或异物相碰；三是风扇或风扇电机损坏。

对于该故障可通过用眼睛查看和用手摸就可以发现故障部位。

3. 漏水故障

漏水故障的主要原因：一是过墙孔位置过高；二是排水管破裂；三是室内机排水槽（积水盒）的排水孔堵塞。

对于该故障可通过用眼睛查看和用手摸就可以发现故障部位。

技能2　常用的维修方法

维修通风、排水系统故障时可通过下面的方法进行故障部位的判断。

1. 问

问就是通过询问用户来分析故障原因的检修方法。比如，若通过询问得知室外机噪声大的故障是移机后产生的，说明安装时室外机倾斜过大，或有异物进入室外机与风扇相碰。

▶2. 看

看就是通过观察来发现故障部位和故障原因的检修方法。比如，检修不排水故障时，首先察看排水管与排水槽是否未接好或断裂，如图 5-13 所示。又比如，检修风扇噪声大故障时，首先要查看扇叶是否与其他器件或异物相碰。再比如，检修制冷效果差的故障时，察看室内机的进风口有无异物，如图 5-14 所示。

图 5-13　察看排水槽、排水管的连接

图 5-14　察看室内机进风口有无异物

▶3. 听

听就是通过耳朵听来发现故障部位和故障原因的检修方法。比如，检修噪声大故障时，可用耳朵听风扇电机或扇叶工作是否正常。

▶4. 摸

摸就是通过用手摸来发现故障部位和故障原因的检修方法。比如，检修噪声大的故障时，在风扇不转时摸风扇电机、扇叶，检查它们是否松动，从而确认噪声是否来自它们，如图 5-15 所示。

图 5-15　摸风扇扇叶判断故障部位

思 考 题

1. 空调器室内机通风系统由什么组成？它的工作原理是什么？
2. 室外机通风系统的工作原理是什么？
3. 室外机风扇的边缘为什么做成锯齿状？
4. 风扇损坏后都会产生什么故障？如何判断？
5. 空气过滤器都有几种？空气过滤网脏了会产生什么故障？
6. 室内机进风口上铺了一块毛巾会产生什么故障？
7. 导风系统由什么构成？有什么作用？
8. 排水系统由什么构成？排水管和排水槽连接不当会产生什么故障？排水管堵塞会产生什么故障？

空调器电气系统故障检修

空调器电气系统器件的主要作用是控制压缩机、风扇电机运转/停转，并通过检测温度对压缩机运行时间进行控制，又通过设置过载、过压等保护功能来保证压缩机、风扇电机等器件可靠地运行。

人们习惯上将220V市电电压称为强电，而将36V以内的直流电压称为弱电。空调器采用220V市电电压供电的电气器件主要是压缩机电机、风扇电机、交流接触器、四通阀等器件；而采用弱电的器件主要是电脑控制系统、继电器等器件。本项目主要介绍采用220V市电电压供电的典型器件作用、工作原理，以及故障现象及故障检测方法，掌握本项目的内容对学习空调器维修技术是至关重要的。

任务1 电气系统的基本工作原理

知识1 室内机电气系统

室内机电气系统由温度检测电路、微处理器电路和负载供电电路三部分构成，如图6-1所示。

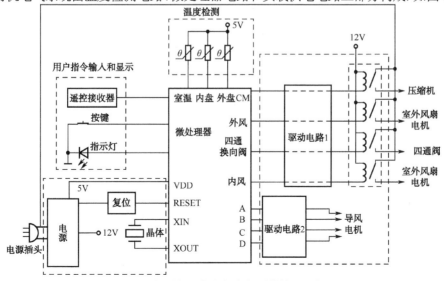

图6-1 典型空调室内机电气系统构成方框图

室内机电气系统安装在一块电路板上，核心电路是微处理器电路。它是由微处理器（又称微电脑控制器，用 CPU 或 MCU 表示）为核心，以及负责用户指令输入和显示、温度取样（采集）、负载供电控制信号输出电路构成。

温度检测电路由温度传感器及其阻抗信号/电压信号变换电路构成，负责对室内温度、室内机盘管、室外盘管温度进行检测，为微处理器提供温度检测信号，以便它对负载的供电电路进行控制。

负载供电电路由驱动电路和继电器或双向晶闸管构成，主要包括压缩机供电电路、风扇电机供电电路、四通阀供电电路。

知识 2 室外机电气系统

普通空调器的室外机电气系统比较简单，主要是由室外风扇电机、压缩机电路构成，如图 6-2 所示。由于压缩机电机、风扇电机工作原理相同，下面以压缩机电机工作原理为例进行介绍。

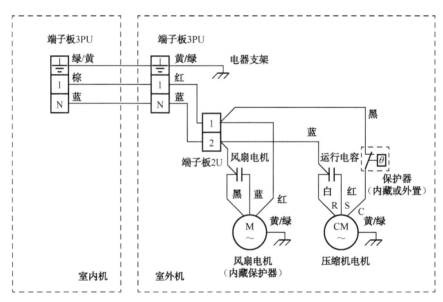

图 6-2 典型空调室外机电气电路

1. 启动运转

运行电容（运转电容、启动电容）串联在压缩机的启动绕组（辅助绕组）CS 回路中，压缩机的主绕组 CR 和启动绕组的布局也按空间位置成 90° 排列，利用运行电容与启动绕组形成一个电阻、电感、电容的串联电路。当电源同时加在运行绕组和启动绕组的串联电路上时，由于电容、电感的移相作用，使得启动绕组上的电压、电流都滞后于运行绕组，随着电源周期的变化，在转子与定子之间形成一个旋转磁场，产生旋转力矩，促使转子转动起来。电机转动正常旋转后，由于运行电容的耦合作用，所以启动绕组始终有电流通过，使电机的旋转磁场一直保持，可以使电机有较大的转矩，从而提高了电机的带载能力，增大了功率因数。

2. 过载保护

压缩机电机的公共端子 C 的供电回路中串联了一只蝶形保护器（过热/过载保护器）。它安装在压缩机的外壳上或压缩机内部。碟形过载保护器由碟形双金属片、电阻丝、一对常闭型触点及外壳构成，如图 6-3 所示。

当压缩机运行电流正常时，电阻丝产生的压降较低，双金属片复位，触点闭合，继续为压缩机电机供电，压缩机继续运行。当运行电流过大时，电阻丝产生的压降增大，温度升高，双金属片受热变形，使触点断开，切断压缩机电机的供电回路，压缩机停止工作，避免了它过流损坏，实现过流保护。当然，

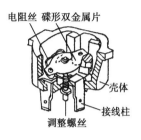

图6-3 碟形过载保护器的构成

压缩机外壳的温度过高时，双金属片也会受热变形，使触点断开，压缩机停止工作，实现过热保护。

> 💡 **提示**
>
> 风扇电机采用的过载保护器与压缩机过载保护器的工作原理相同，仅外形不同。

任务 2　电气系统主要器件检测

本任务介绍的主要器件检测包括压缩机、启动电容、过载保护器、交流接触器、热继电器、电加热器、风扇电机、四通阀等。而电脑板电路的检测在项目 7 中进行介绍。

技能 1　压缩机电机的检测

1. 压缩机的识别

空调器压缩机的实物外形及其电路符号如图 6-4 所示。

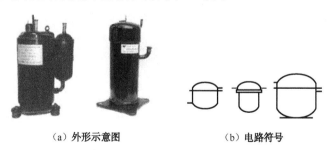

（a）外形示意图　　　　　　　　（b）电路符号

图6-4 全封闭压缩机

压缩机的外壳上贴有铭牌，铭牌上通常标注了制冷剂类型及重量、额定电压、额定功率、额定频率等主要参数，如图 6-5 所示。该铭牌是更换压缩机的主要依据。

图 6-5　典型压缩机的铭牌

2. 压缩机电机分类

（1）按转速分类

压缩机按电机转速的不同，可分为定频型和变频型两类。所谓的定频型就是压缩机电机始终以一种转速工作，而变频型就是压缩机电机的转速根据温度不同而改变。定频压缩机电机主要采用单相电异步电机或三相电异步电机。变频压缩机电机主要采用交流变频电机或直流变频电机。本项目只介绍定频压缩机，而变频压缩机在变频空调器部分进行介绍。

（2）按供电方式分类

压缩机电机根据供电方式的不同，可分为交流供电和直流供电两种。定频压缩机都采用交流供电方式，而它又分为 220V 单相电供电和 380V 三相电供电两种；交流变频压缩机虽然采用交流供电方式，但它不是直接由市电电压供电，而是利用 300V 供电电路、IPM 模块等电路将市电电压变换为频率可变的交流电压后，再为压缩机供电；直流变频压缩机采用直流供电方式，利用 300V 供电电路、IPM 模块等电路将市电电压变换为可变的直流电压后，再为压缩机供电。

3. 压缩机电机的特点

（1）单相异步电机

空调器压缩机中的单相异步电机结构由定子和转子构成。定子由铁芯和运行绕组（主绕组）、启动绕组（辅助绕组或称副绕组）组成。绕组的引出线与压缩机外壳上的三个供电端子（接线端子）相接。三个端子分别是公用端子 C、启动端子 S、运行端子 R。压缩机电机绕组接线端子实物及电机电路符号如图 6-6 所示。

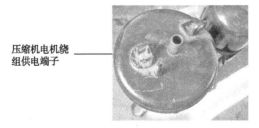
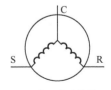

压缩机电机绕组供电端子

（a）压缩机电机绕组供电端子实物图　　　　（b）绕组电路符号

图 6-6　压缩机绕组

压缩机运行绕组 CR 的漆包线线径粗，阻值较小；启动绕组 CS 用的漆包线线径细，阻值较大。因运行绕组与启动绕组串联在一起，所运行端子 R 与启动端子 S 之间阻值等于运行绕组与启动绕阻的阻值之和，即 $R_{RS}=R_{CR}+R_{CS}$。常见单相压缩机电机的主要参数如表 6-1 所示。表中未特别标注的压缩机均为旋转式压缩机。

表 6-1　常见单相压缩机电机的主要参数

品牌和型号	额定功率/W	冷冻油及数量/mL	绕组组值/Ω	过载保护器型号或通断温度	运转电容容量/μF	备注
东芝 PH135XIC-8DTC2	750	SUNISO-4GSD-I/400	$R_{RC}=4.54$ $R_{SC}=3.95$	—	25	
松下 2P14S225AND	705	SUNISO-4GDID/350	$R_{RC}=3.86$ $R_{SC}=3.31$	—	30	可互换
上海日立 SG433EA1UC	770	SUNISO-4GDID/385	$R_{RC}=4.55$ $R_{SC}=3.91$	—	30	
松下 2P15S225ANC	750	4GDID-/270	$R_{RC}=3.86$ $R_{SC}=3.31$	—	30	
华润三洋 QX-14（F）	750	SUNIS-4GSD-T/875	$R_{CR}=3.38$ $R_{CS}=7.49$	MRA99003 或 B160-140-24IE（外置）	20	可互换
三菱华菱 RH145VHCC	750	4GDID-/300	$R_{RC}=4$ $R_{SC}=5.7$	—	25	
松下 2P19C225BNC	850	4GDID-/350	$R_{RC}=3.86$ $R_{SC}=3.31$	—	30	可互换
三菱华菱 RH185VHCC	850	MX-56/520	$R_{RC}=2.6$ $R_{SC}=3.9$	—	30	
沈阳华润 QX-19（F）	1040	4GSD-T/500	$R_{CR}=2.9$ $R_{CS}=6.9$	—	25	可互换
松下 2P20C225BNC	1080	4GDID-/350	—	—	30	
华润三洋 QX-23（F）	1100	4GSD-T/550	$R_{CR}=1.96$ $R_{CS}=5.38$	—	30	可互换
三菱华菱 RH231VHCC	1100	MX-56/520	$R_{RC}=2.13$ $R_{SC}=3.51$	—	30	
广东美芝 PH240X2C-8FTC	1350	SUNISO-4GSD/440	$R_{RC}=2.73$ $R_{SC}=4.69$	—	35	可互换
华润三洋 QX-23（F）	1310	SUNISO-4GSI/550	$R_{CR}=1.96$ $R_{CS}=4.46$	—	30	
华润三洋 QX-23（F）	1310	SUNISO-4GSI/350	$R_{CR}=1.96$ $R_{CS}=4.46$	—	30	
上海日立 SH833KA5UC	1300	SUNISO-4GDID/440	$R_{RC}=2.98$ $R_{SC}=2.07$	—	50	可互换
东芝万家乐 PH240X2C-8FTC	1350	SUNISO-4GSD/550	$R_{CR}=2.73$ $R_{CS}=4.69$	—	35	
沈阳华润 QXR-23C（F）	1310	SUNISO-4GSD-T/600	$R_{CR}=1.96$ $R_{CS}=4.46$	—	30	可互换

续表

品牌和型号	额定功率/W	冷冻油及数量/mL	绕组组值/Ω	过载保护器型号或通断温度		运转电容容量/μF	备注
广州华菱 RH231VHAC	1310	MX-56/520	R_{RC}=2.13 R_{SC}=3.91	—		30	
沈阳华润 QX-16（F）	800	SUNIS-4GSD-T/875	R_{CR}=2.69 R_{CS}=8.11	—		20	
西安庆安 YZG-24RT2	660	4GSD-I/400	R_{CR}=3.7 R_{CS}=5.4	—		25	
西安庆安 YZG-25RTI	850	SUNISO-4GSD-I/400	R_{CR}=3.7 R_{CS}=5.4	MRA12056-1206 或 MRA12056-695（外置）		25	
西安庆安 YZG-27TI	750	4GSD-I/400	R_{CR}=3.24 R_{CS}=5.66	—		25	
西安庆安 YZG-39RT2	1100	SR-56/400	R_{CR}=1.77 R_{CS}=3.8	—		30	
上海日立 SHY33MC4-G	1735	SUNISO-4GSI/600	R_{RC}=1.47 R_{SC}=2.88	—		50	
上海日立 SHX33SC4-U/	1875	SUNISO-4GSI/600	R_{RC}=1.47 R_{SC}=2.88	—		50	
上海日立 SHW33TC4-U	1990	SUNISO-4GSI/600	R_{RC}=1.47 R_{SC}=2.88	—		50	
日本三洋 C-R221H5W	2200	ROTARY/1500	R_{RC}=0.76 R_{SC}=2.78	—		50	
日本三洋 C-R221H5W	2940	ROTARY/1500	R_{RC}=0.76 R_{SC}=2.78	—		40	
美国柯普蓝 ZR34K3-PFJ-512	2530	SUNISO-3SGI/1240	R_{RC}=0.76 R_{SC}=2.78	—		40	
广州万宝 300DH-47C2X7J3	2050	SUNISO-4GSD/1200	R_{CR}=3.22 R_{CS}=3.22	—		—	涡旋式
YZC-24RT2	660	4GSD-I/400	R_{CR}=3.7 R_{CS}-5.4	动作温度/℃	通：150±5 断：69±9	50	
				动作电流：6.3A 时通电 30min（100℃）动作；14.8A 时通电 6～16s 内动作			
SHV33YC6-G	2370	SUNIS-4GSI/875	R_{CR}=1.14 R_{CS}=2.86	动作温度/℃	通：130 断：105	50	
				动作电流/A	11.5		
SHX33SC4-U	1880	SUNIS-4GSI/600	R_{CR}=1.14 R_{CS}=1.78	动作温度/℃	通：130 断：105	50	
				动作电流/A	8.7		

续表

品牌和型号	额定功率/W	冷冻油及数量/mL	绕组组值/Ω	过载保护器型号或通断温度		运转电容容量/μF	备注
THU33WC6-U	2650	SUNIS-4GSI /1050	$R_{CR}=1$ $R_{CS}=2.12$	动作温度/℃	通：130 断：105	60	
				动作电流/A	12.6		
SQ034JAC	2550	SUNIS-4GSI /750	$R_{CR}=0.86$ $R_{CS}=2.01$	动作温度/℃	通：130 断：105	60	
				动作电流/A	14		

（2）三相异步电机

空调器压缩机中的三相（三相电）异步电机由定子和转子构成。其中，定子由铁芯和三个完全相同的绕组构成。而三个绕组可以接成△形或Y形，并且它们在空间分布上互为120°。当三个绕组输入三相对称电流时，就会在定子与转子的气隙空间产生磁场使转子旋转。因功率因数、效率、转矩比较高，所以无须通过启动装置就可以启动运转。

三相异步电机的绕组端线与压缩机外壳上的3个接线端子相接，3个端子之间阻值相等。典型三相异步电机的主要参数见表6-2。

表6-2　典型三相异步电机的主要参数

品牌和型号	额定功率/W	冷冻油及数量/mL	绕组阻值/Ω	逆相保护器型号
300DH-47C2X7J3	2 750	SUNISO-4SGI/1200	$R_{CR}:\ 3.22$ $R_{CS}:\ 3.22$	JZH-5510
500DHN-80C2	4 550	SUNISO-4SGI/1400	$R_{CR}:\ 3.22$ $R_{CS}:\ 3.22$	

4. 压缩机绕组的检测

下面以图6-7所示的三菱压缩机电机为例介绍压缩机电机绕组的检测。首先，将数字万用表置于电阻挡，将两个表笔接在压缩机的S、C端子上，测压缩机电机启动绕组的阻值为8.1Ω，如图6-7（a）所示；将两个表笔接在压缩机的R、C端子上，测压缩机电机运行绕组的阻值为5.6Ω，如图6-7（b）所示；将两个表笔接在压缩机的R、S端子上，测压缩机电机启动绕组和运行绕组的阻值为12.1Ω，如图6-7（c）所示。

（a）检测启动绕组　　　　（b）检测运行绕组　　　　（c）检测运行绕组+启动绕组

图6-7　三菱KH145VHEA型压缩机电机绕组的检测

▶5. 常见故障检修

压缩机电机常见的故障主要是不运转且无叫声、不运转有叫声。

（1）不运转且无"嗡嗡"叫声

压缩机电机异常引起该故障的原因是电机绕组开路。用万用表电阻挡测外壳接线柱间阻值（绕组的阻值）来判断，若阻值为无穷大或过大，说明绕组开路。

> ！注意
>
> 有的压缩机内置过热保护器，当压缩机过热时过热保护器会断开，这时若测量压缩机 C、R 或 C、S 端子之间电阻为无穷大。因此，测量电机绕组阻值时要在压缩机的温度下降到与环境温度相同后进行，否则可能会误判压缩机电机绕组开路。

（2）不运转，但有"嗡嗡"的低频叫声

压缩机异常引起该故障的原因主要是电机的绕组短路或机械系统出现"卡缸"、"抱轴"故障。该故障发生时压缩机的外壳温度会在短时间内迅速升高，随后引起过载保护器动作。机械系统异常引起卡缸、抱轴故障时，电机绕组的阻值是正常的，电机绕组短路时阻值会减小。而启动器失效、机械系统出现卡缸、抱轴故障时，电机绕组的阻值是正常的。

技能 2　室外风扇电机的检测

▶1. 室外风扇电机的识别

空调器的室外风扇电机多采用单相异步轴流电机，如图 6-8 所示。电路符号和压缩机符号一样，它采用金属封装结构。此类电机也称为铁封、铁壳电机。

图 6-8　典型空调器室外风扇电机实物

铁封电机的外壳由上下两部分构成，再通过螺丝紧固。优点是维修电机时便于拆卸，缺点是噪声大。由于带有散热孔的铁壳散热效果好，所以铁壳电机的功率较大。因此，空调器多利用铁壳电机驱动室外机内的轴流风扇，而且利用它驱动分体柜机的离心风扇。

▶2. 室外风扇电机的主要参数

典型单相室外轴流风扇电机主要参数如表 6-3 所示。表中运转电容的最高耐压值均为 AC 450V。

表6-3 典型单相室外轴流风扇电机主要参数

品牌型号	额定功率/W	最高转速/(r/min)	线圈阻值/Ω	过热保护器动作温度/℃	运转电容容量/μF
YDK30-6Z	21	685	黑棕：330±10%； 棕白：208±10%	断开：130±5 接通：82±15	2.5
威灵 YDK27-6C	18	690	白灰：345±10%； 白红：230±10%	断开：130±8 接通：95±15	2.5
威灵 YDK27-6B	20	720	白灰：310±10%； 白红：221±15%	断开：130±8 接通：90±15	2.5
威灵/人洋/鹤山 DG13Z1-10	25	—	主绕组：450 副绕组：248	断开：130	1.5
威灵/人洋/鹤山 DG13Z1-12	75	—	主绕组：450 副绕组：248	断开：130	3
和鑫 FYK-01-D	20	720	白灰：324±15% 白红：221±15%	断开：140±5 接通：82±15	2.5
和鑫 FYK-02-D	18	690	白灰：324±15% 白红：221±15%	断开：140±5 接通：82±15	2.5
荣佳 YFK25-6B	20	720	白棕：214±10% 白红：218±10%	断开：130±5 接通：85±15	2.5
荣佳 YFK20	18	690	白棕：220±15% 白橙：208±10%	断开：130±5 接通：85±15	2.5
FYK-G09-D YFK40-6B YDK29-6X YDK94/30-6C	40	820	白灰：139±15% 棕灰：189±15% 紫橙：18±15% 橙粉：11±15%	断开：140±5 接通：90±15	3
FYK-G013-D YFK60-6B-1 YDK65-6A YDK120/30-6G	60	780	白灰：97±15% 棕白：36±15% 紫橙：14±15% 橙粉：10±15%	断开：140±5 接通：85±15	3

▶ 3. 室外风扇电机的检测

空调器的室外风扇电机多采用轴流电机。下面介绍它的测量方法。

（1）电机绕组的检测

采用数字万用表测量室外风扇电机绕组阻值时，先将万用表置于2kΩ电阻挡，两只表笔分别接绕组的两个接线端子上，显示屏显示的数值就是被测绕组的阻值，如图6-9所示。若阻值为无穷大，则说明它已开路；若阻值过小，说明绕组短路。

（2）是否漏电的检测

将数字万用表置于200MΩ挡，一只表笔接电机的绕组引出线，另一只表笔接在电机的外壳上，正常时阻值应为无穷大，如图6-10所示。若出现阻值，说明它已漏电，需要进行干燥处理。

（a）检测运行绕组+启动绕组

（b）检测运行绕组

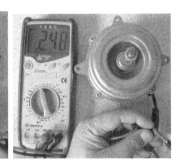
（c）检测启动绕组

图 6-9　室外风扇电机绕组阻值的检测

图 6-10　室外风扇电机绕组绝缘性能的检测

▶ 4. 常见故障检修

室外风扇电机异常会产生室外风扇电机不转、转速慢或噪声大的故障。

当室外风扇电机发生不转故障时，首先检测它的绕组有无供电，若有市电电压输入，则说明它内部的绕组开路，再用电阻挡测量绕组的阻值为无穷大，就可确认绕组开路；若没有供电，查供电及其控制电路。

转速慢故障有两种表现：一种是在拨动扇叶时，可以灵活转动；另一种是转动不灵活，阻力大。转动灵活的故障原因是电机绕组异常或供电系统异常，导致供电不足所致；对于转动不灵活的故障，多为电机的轴承缺油或转子扫堂所致。

技能 3　室内风扇电机的检测

空调器室内机风扇电机采用的典型单相异步电机如图 6-11 所示。为了减轻重量和降低噪声，室内风扇电机都采用塑料封装。

图 6-11　空调器典型单相异步电机实物

1. 室内风扇电机的转速控制

室内机风扇电机的转速是可以改变的。室内风扇电机调速有两种方式：一种是通过改变电机供电大小来实现的；另一种是通过电机不同的供电端子供电来实现的。改变供电的调速方式在项目7进行介绍，下面介绍电机定子绕组抽头调速方式。通过控制供电电路为电机的哪个抽头供电，通过运行绕组匝数不同，来产生不同强度的旋转磁场，也就改变了转子转动速度。所谓绕组抽头调速方式就是改变定子绕组的匝数来改变磁通量的大小，进而改变转子的转速，实现调速控制。

风扇电机调速原理图见图6-12，当220V由高速抽头输入时，运行绕组匝数最少（L3绕组），形成的旋转磁场最强，转速最高；当220V由中速抽头输入时，运行绕组匝数为L2+L3，产生的磁场使电机运转在中速；当220V由低速抽头输入时，运行绕组匝数最多（L1+L2+L3），形成的旋转磁场最弱，转速最低。

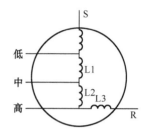

图6-12　风扇电机调速原理图

> **提示**
>
> 若空调器仅设计了低速、高速挡时，只要将电机中间的抽头悬空即可。

2. 风扇电机的主要参数

典型单相室内贯流风扇电机主要参数如表6-4所示。表中运转电容的最高耐压值均为AC 450V。

表6-4　典型室内贯流风扇电机主要参数

品牌型号	额定功率/W	最高转速/（r/min）	线圈阻值/Ω	过热保护器动作温度/℃	运转电容容量/μF
RPS12B	19.4	1300	白灰：460 白红：298	断开：100±5 接通：85±5	1
威灵 RPS10N	10	1200	白灰：487±15% 白粉：303±15%		1
威灵 RPG15	10	1150	红黑：318±15% 黑白：338±10%	—	1
威灵/人洋/鹤山 DG13L1-07	15	-	主绕组：450 副绕组：248	—	3
和鑫 YFNS10C4	10	1200	白灰：528±15% 白橙：352±15%		1
和鑫 YFNG11CA4	10	1200	红黑：426±15% 黑白：600±15%	—	1
卧龙 YYW10-4A	10	1200	红黑：390±10% 黑白：390±10%		1

续表

品牌型号	额定功率/W	最高转速/（r/min）	线圈阻值/Ω	过热保护器 动作温度/℃	运转电容 容量/μF
YDK120/25-8G YDK120/25-8D YDK120/25-8B---1 （离心风扇）	30	425	白灰：145±15% 白紫：37.5±15% 橙紫：23±15% 橙黄：64±15% 黄粉：67±15%	断开：140±5 接通：90±15	3
FYK-G018-D YDK35-8E YFK50-8D-1 （离心风扇， 用于柜机）	50	505	白灰：112±15% 白紫：31±15% 橙紫：22±15% 橙黄：51±15% 黄粉：40±15%	断开：140±5 接通：90±15	4
YDK145/32-8 YDK-014-D YDK45/-10 （离心风扇， 用于柜机）	45	390	白棕：136 白粉：191 白紫：35 橙黄：95 橙紫：15.6 黄粉：44	断开：130±8 接通：90±15	4.5
YDK145/32-8 YDK-028-D YDK115/-10 （离心风扇， 用于柜机）	100	490	白棕：44.3 白粉：37.5 白紫：12 橙黄：37.5 橙紫：8.4 黄粉：13.5	断开：130±8 接通：79±15	4.5

3. 电机的检测

室内机风扇电机多采用贯流风扇电机，所以下面以贯流风扇电机为例介绍室内风扇电机的检测方法。

（1）绕组的检测

将数字万用表置于 2kΩ挡，两只表笔分别接绕组两个接线端子，显示屏显示的数值就是该绕组的阻值，如图 6-13 所示。若阻值为无穷大，则说明它已开路；若阻值过小，说明绕组短路。

（a）检测运行绕组　　　　　　（b）检测启动绕组　　　　　　（c）检测运行+启动绕组

图 6-13　贯流电机绕组的检测

（2）相位传感器的检测

将数字万用表置于 PN 结压降测量（二极管挡），将表笔接在信号输出端、电源端与接地端的引脚上，所测的导通压降值如图 6-14 所示。

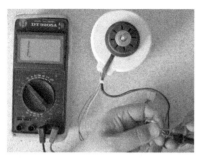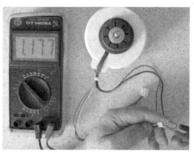

（a）输出端与地线间正、反向导通压降值的测量

（b）电源端与地线间正、反向导通压降值的测量

（c）电源端与输出端间导通压降值的测量

图 6-14　贯流电机相位检测电路的检测

4. 常见故障检修

室内风扇电机异常会产生室内风扇电机不转、转速慢或噪声大的故障。

当室内风扇电机发生不转故障时，首先检测它的绕组有无供电，若有市电电压输入，则说明它内部的绕组开路，再用电阻挡测量绕组的阻值为无穷大，就可确认绕组开路；若没有供电，查供电及其控制电路。

对于具有相位检测电路室内风扇电机，若检修电机不转的故障时，还应检查电机有无相位检测信号输出，若没有，在确认电机相位检测电路供电电路正常后，就可以更换电机；若电机有正常的检测信号输出，则说明电机正常。

检修转速慢时，首先测量供电是否正常，若正常，更换或维修电机；若不正常，检查供电电路。

技能4　导风电机的检测

室内机的导风电机也叫摆风电机，该电机采用的多是步进电机或同步电机。

▶1. 特点与工作原理

（1）步进电机

步进电机是将脉冲信号转变为角位移或线位移的开环控制元件。由于步进电机在非超载的情况下，它的转速、停止的位置只取决于脉冲信号的频率，而不受负载变化的影响。因此，大部分室内机的摆风电机采用步进电机。空调器采用的步进电机如图6-15所示。步进电机通常有5根引出线，其中红线为12V电源线，其他4根是脉冲驱动信号输入线。

步进电机的绕组连接见图6-16，空调器的电脑板通过A、B、C、D四个端子为步进电机的绕组输入不同的相序驱动信号后，绕组产生的磁场可以驱动转子正转或反转，而改变驱动信号的频率时可改变电机的转速，频率高时电机转速快，频率低时电机转速慢。

图6-15　典型步进电机实物

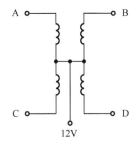

图6-16　步进电机的绕组连接

（2）同步电机

图6-17　同步电机实物

室内机导风电机（风向或摆风电机）采用的同步电机和步进电机的外形基本相同，但它只有两根引出线，如图6-17所示。同步电动机属于交流电机，定子绕组与异步电动机相同。它的转子旋转速度与定子绕组所产生的旋转磁场的速度是一样的，所以称为同步电动机。正由于这样，同步电动机的电流在相位上是超前于电压的，即同步电动机是一个容性负载。空调器采用的典型同步电机主要参数如表6-5所示。

表6-5　空调器采用的典型同步电机主要参数

型　号	额定电压/V	绕组阻值/Ω
DG13T1-01	220～240V（交流）	200±7%
50TYZ-JF3	220V（交流）	10.5±7%
M12B（柜机）	220V（交流）	11.15±7%

2. 检测

由于同步电机的 4 个绕组的阻值相同，所以仅介绍一个绕组的阻值和两个绕组间阻值的检测方法。

导风电机的检测如图 6-18（a）所示，一只表笔接在红线（电源线）上，另一只表笔接某个绕组的信号输入线，就可以测出单一绕组的阻值；参见图 6-18（b），将表笔接在两个信号线（非红线）上，就可以测出两个绕组的阻值。

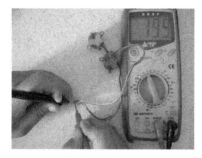
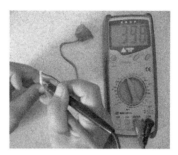

（a）单一绕组阻值的检测　　　　　（b）两个绕组阻值的检测

图 6-18　导风电机的检测

技能 5　启动电容的检测

1. 识别

压缩机电机采用耐压为 400V 或 450V，容量为 20～60μF 的无极性电容。室外风扇电机采用耐压为 400V 或 450V，容量为 1～3μF 的无极性电容。典型的启动电容实物和电路符号如图 6-19 所示。

（a）实物　　　　　（b）电路符号

图 6-19　电容实物及其电路符号

> **提示**
>
> 　　虽然该电容在电机启动瞬间起到了启动的作用，但由于它始终参与压缩机运转，所以确切地讲，应称它为运转电容或运行电容，而不应称为启动电容。由于运转电容具有滤波的作用，所以采用此类启动方式的电机不仅效率高，而且运转噪声低，震动较小。但此类启动方式也存在启动转矩较小的缺点。

▶ 2. 检测

（1）压缩机启动电容的检测

压缩机启动电容是故障率较高的元件，下面以 45μF/450V 的电容为例介绍压缩机启动电容（运行电容）的检测。首先，用螺丝刀金属部位短接电容的引脚，为被测电容放电，如图 6-20（a）所示；随后，拔掉电容的引线，用数字万用表的 200μF 电容挡对其进行测量，如图 6-20（b）所示。若显示的数值偏离较大，说明被测电容容量不足或漏电。

（a）放电 （b）测量

图 6-20 压缩机电机启动电容的检测

图 6-21 室外风扇电机运行电容的检测

（2）风扇电机启动电容的检测

下面以 2μF/450V 的电容为例介绍空调器室内风扇电机运行电容（启动电容）的检测方法。首先，用螺丝刀的金属部位短接电容的两个引脚，为被测电容放电后，用数字万用表的 200μF 电容挡进行测量即可，如图 6-21 所示。若显示的数值异常，说明被测电容容量不足或漏电。

▶ 3. 常见故障检修

启动电容损坏后的故障现象主要有三个：一是压缩机、风扇电机不能启动，过载保护器动作；二是压缩机、风扇电机能够启动，但运转不久就引起过载保护器动作，停止运转；三是压缩机、风扇电机有时能够启动，有时不能启动。

检查运转电容（启动电容）时，首先查看它是否炸裂或引脚有无锈迹、腐蚀的现象，若有，说明该电容损坏；若外观正常，则用电容表测运行电容的容量或用正常的电容代换检查。

技能 6 过载保护器的检测

▶ 1. 作用与分类

过载保护器全称是过载过热保护器。它的作用就是为了防止压缩机、风扇电机过热、过流损坏。空调器采用的过流保护器主要有外置式和内藏式两种。由于风扇电机、压缩机电机的过载保护器工作原理相同，下面以压缩机过载保护器为例进行介绍。

压缩机电机采用的外置式过载保护器多为碟形过载保护器，它的实物外形和安装位置如图 6-22 所示。

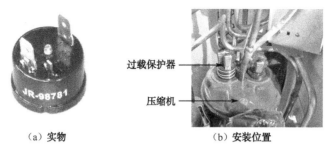

（a）实物　　　　　　　　　　　（b）安装位置

图 6-22　外置式过载保护器实物与安装位置

> **提　示**
>
> 　　压缩机功率不同，配套使用的过载保护器型号不同，触点接通、断开的温度也不同，维修时更换型号相同或参数相同的过载保护器，以免丧失保护功能，给压缩机带来危害。

▶ 2. 常见故障检修

过载保护器损坏后的第一个故障现象是触点不能接通，使压缩机不能启动；第二个故障现象是触点粘连（短路），丧失对压缩机的保护功能；第三个故障现象是触点接触不良，使压缩机有时能启动，有时不能启动。

> **提　示**
>
> 　　虽然过载保护器短路后，空调器能够正常运转，但在市电电压升高等异常情况下，容易导致压缩机的绕组过流损坏。

过载保护器损坏的原因一个是质量问题，另一个是由于过热引起疲劳损坏。怀疑过载保护器异常时，通过测量或代换就可以确认。

▶ 3. 过载保护器的检测

检测过载保护器时，将万用表置于通断测量挡或最小电阻挡，两个表笔接在它的接线端子上，就可以测量出它的触点是否通断，如图 6-23 所示。若常温下的触点不能接通或在受热情况下的触点仍接通，都说明它已损坏。另外，若触点时通时断，也说明被测过载保护器异常。

（a）触点接通时的测量　　　　　　（b）触点断开时的测量

图 6-23　过载保护器的检测

技能 7　交流接触器的检测

交流接触器是根据电磁感应原理做成的广泛用做电力自动控制的开关，它主要应用在三相电空调器的供电系统中。常见的交流接触器的实物如图 6-24 所示。

▶ 1. 构成和特点

交流接触器由线圈、铁芯、主触点、辅助触点（图中未画出）、接线端子等构成，如图 6-25 所示。主触点用来控制 380V 供电回路的通断，辅助触点来执行控制指令。主触点一般只有常开功能，而辅助触点通常由两对常开和常闭功能的触点构成。

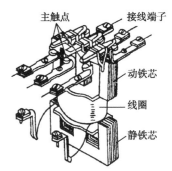

图 6-24　交流接触器　　　　　　　图 6-25　交流接触器构成

交流接触器的触点由银钨合金制成，具有良好的导电性和耐高温烧蚀性。交流接触器的铁芯由动铁芯和静铁芯两部分构成，静铁芯是固定的，在它上面套上线圈，为线圈供电后，线圈和铁芯产生的磁场将动、静铁芯吸合，从而控制主触点闭合，压缩机得电开始运转。当交流接触器的线圈断电后，动铁芯依靠弹簧复位，使主触点断开，压缩机失去供电停转。

▶ 2. 工作原理

图 6-26 是典型的三相电空调器的室外机电气接线图。室外机端子板上的 R 为 R 相火线，S 为 S 相火线，T 为 T 相火线，N 为零线，而两侧的线都是接地线。其中，S 相、R 相、T 相火线不仅输入到交流接触器的三个输入端子上，而且送到相序板。当相序板检测 R、S、T 三相电相序正确并将该信息送给电脑板后，电脑板输出压缩机运转指令，通过供电控制电路为交流接触器线圈提供 220V 交流电压，使交流接触器的 3 对触点闭合，三相电压加到压缩机 U、V、W 的三个端子上，压缩机电机获得供电后开始运转。

▶ 3. 交流接触器的检测

检测交流接触器时，可采用供电和测量触点通断的方法。

为交流电接触的线圈输入 220V 市电电压后，可以听到交流接触器触点发出的"咔嗒"闭合声，同时用万用表通断挡测触点是接通的，如图 6-27（a）所示；拔掉电源线后，数值变为 1，说明触点可以断开，如图 6-27（b）所示。

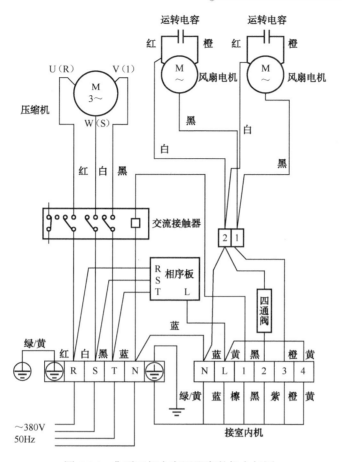

图 6-26 典型三相电空调器室外机电气图

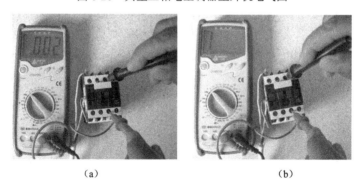

（a）   （b）

图 6-27 交流接触器的检测

▶ 4. 常见故障检修

交流接触器异常后，一是触点不能闭合，使压缩机因无供电而不工作；二是触点接触不良使压缩机等器件有时能工作，有时不能工作。

交流接触器工作异常一个原因是自身故障，另一个是线圈的供电电路异常。对于触点不能闭合的故障，用数字万用表的电压挡测线圈两端供电，若没有供电，查供电电路；若有供电，说明交流接触器的线圈或触点部分异常。

技能8 四通阀的检测

四通阀的实物和安装位置参见图4-11，它的内部构成见图4-12。下面介绍它的电气部分检测方法。

1. 四通阀的检测

（1）加电判断

图6-28 电磁阀线圈阻值的测量

为四通换向阀的线圈加驱动电压后，若不能听到导向阀内的衔铁发出"咔嗒"的动作声，说明线圈异常或换向阀损坏；若为线圈通电后，换向阀能发出"咔嗒"声，说明电磁阀有供电，并且内部已换向。若通电后，电磁阀的线圈过热，说明线圈有匝间短路的现象。

（2）线圈的检测

测量四通阀线圈（电磁阀线圈）通断时采用 2kΩ电阻挡，四通阀线圈的阻值为 1.458kΩ 左右，说明线圈正常，如图 6-28 所示。若阻值过大，说明线圈开路；若阻值过小，说明线圈短路。

2. 常见故障检修

四通阀的电磁阀异常会产生的故障现象是能制冷、不能制热或能制热、不能制冷。

故障原因是四通阀的线圈（电磁导向阀）或其供电电路异常。测线圈的供电能否根据制冷、制热变化而变化，若不能变化，检查供电控制电路；若可以变化，说明电磁阀异常。电磁阀可以单独更换，取下供电线，再拆下它与换向阀上的固定螺丝，就可以取下它，如图6-29所示。再用正常的电磁阀更换即可。

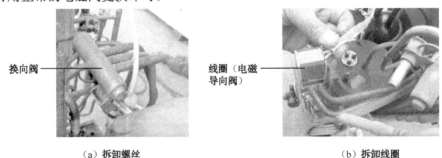

（a）拆卸螺丝 （b）拆卸线圈

图6-29 四通阀上电磁阀的拆卸

技能9 电加热器的检测

1. 作用及分类

电加热器是在获得供电后开始发热的器件。空调器采用的加热器按功能不同可分为取暖用加热器、化霜加热器两种。取暖加热器的功率一般为 900～2000W，化霜加热器的功率一般为 200～300W。

2. 工作原理

由于加热器的工作原理基本相同，下面以取暖加热器为例进行介绍。常见的辅助电加热的加热器为 PTC 型加热器，它的实物外形如图 6-30（a）所示，它安装在室内热交换器的里面，如图 6-30（b）所示。

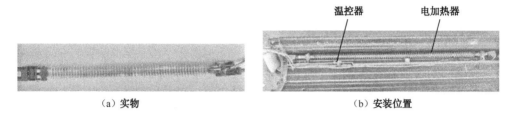

温控器　　　　电加热器

（a）实物　　　　　　　　　　（b）安装位置

图 6-30　辅助电加热器

PTC 型是一种新型的加热器（加热管），PTC 型加热器采用正温度系数热敏电阻作为发热器件，如图 6-31 所示。此类加热器具有寿命长、加热快、效率高、自动恒温、适应供电范围强、绝缘性能好等优点。另外，该发热器的散热片是利用铝合金做成波纹形，再经粘、焊而成的。

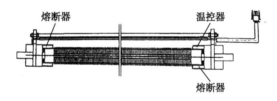

熔断器　　　　　　　　温控器

熔断器

图 6-31　PTC 加热器构成

（1）加热电路

当加热器获得供电后，就会发热，对吸入室内机的冷空气进行加热，实现辅助加热功能。当加热温度达到要求后，被室温传感器或室内盘管温度传感器检测后并送给电脑板的 CPU 识别，CPU 确认后输出停止加热的控制信号，切断加热器的供电回路，加热器停止加热。

（2）过热保护

为了防止加热器供电电路异常，导致加热器或室内热交换器过热损坏，设置了温控器、温度型熔断器构成的过热保护电路。当加热器加热温度过高后，达到温控器的标称温度后，它的触点断开，切断加热器的供电回路，实现过热保护。当温度下降到正常范围内，温控器内双金属片复位，使它的触点闭合。但故障未排除前，温控器还会动作。

若温控器的触点也发生粘连时，加热器的加热温度达到熔断器的标称值后，该熔断器熔断，切断加热器供电回路，进一步实现过热保护。

3. 常见故障检修

辅助加热电路异常后的故障现象一是不能加热，二是加热有时正常，有时不正常的故障。电加热器损坏的原因一个是由于质量差所致，另一个是由于加热器供电电路器异常，并且过热保护电路未工作，引起电加热器过热损坏。因此，维修电加热器损坏的故障时，还应检查加热器的供电电路是否正常，以免故障再次发生。

检测电加热管时，首先查看它的接头有无锈蚀和松动现象，若有，修复或更换；若正常，用万用表的电阻挡测它的接线端子间的阻值，若阻值为无穷大，则说明它已开路。

任务3 电气系统故障检修

本任务主要介绍电气系统的典型故障分析、检修方法与检修实例。系统控制（微处理器控制）部分在项目 7 单独介绍。

技能 1 典型故障分析

1. 整机不通电

将空调器的电源线插入插座后，若整机没有反应，说明空调器没有市电电压输入或空调器异常。该故障的主要原因：一是市电供电系统异常，不能为空调器供电；二是电源电路插座异常；三是电源线异常；四是空调器内部的接线端子或线路异常。

检修时，首先，察看用户家的灯具能否点亮，若不能，则说明市电供电系统异常；若能，说明供电系统正常。此时，用万用表交流电压挡测空调器的插座有无市电电压，若没有市电电压或市电电压不正常，则检查插座及其供电线路；若电压正常，则检查空调器的接线端子和供电线路。

> **提 示**
>
> 若空调器内的供电线路异常，可以先检查熔断器是否熔断，若熔断器熔断，说明有过流的现象，此时主要检查压缩机、室外风扇电机、四通阀、室内风扇电机是否异常。

2. 室外风扇电机不转故障

室外风扇电机不转的主要原因有：一是供电电路异常；二是启动电容（运转电容）损坏；三是电机损坏；四是过载保护器异常。

对于该故障，测风扇电机的运行绕组的供电是否正常，若不正常，检查过载保护器和线路是否开路；若供电正常，应检查风扇电机的绕组是否正常；若正常，查运转电容；若异常，维修或更换电机。

> **提 示**
>
> 若发生室外风扇电机不能停转的故障，只要检查它的供电电路即可。

3. 室内风扇电机不转故障

室内风扇电机不转的主要原因有：一是供电电路异常；二是电机异常；三是相位检测电路

异常。

调整风速时，看室内风扇电机能否短暂运转，若能，检查相位检测电路；若不能短暂运转，测风扇电机的供电是否正常，若不正常，检查过载保护器和线路是否开路；若供电正常，应维修或更换电机。

 提 示

若发生室内风扇电机不能停转的故障，只要检查它的供电电路即可。

▶ 4. 室内风扇电机不能调速

多抽头的室内风扇电机产生该故障的原因：一是供电电路异常；二是电机异常。

调整风速时，测电机相应的供电端子有无供电，若没有，检查供电电路；若供电正常，应维修或更换电机。

▶ 5. 通电后风扇电机转，但压缩机不转

空调器通电后，风扇电机转，但压缩机不转，说明压缩机或其供电电路异常。主要的故障原因：一是启动器异常，不能为压缩机的启动绕组提供启动电流；二是过载保护器异常，导致压缩机没有供电；三是线路异常，不能为压缩机供电；四是市电电压异常，导致压缩机启动后不能正常运转，导致过载保护器动作；五是压缩机异常。

对于该故障，首先查压缩机电机的过载保护器是否开路。若开路，还应检查压缩机电机是否正常；若正常，测压缩机电机的运行绕组的供电是否正常，若不正常，查供电线路；若正常，查运转电容。

▶ 6. 压缩机不断启动、停转

空调器通电后，压缩机不断启动、停转，说明制冷系统、压缩机或其供电电路异常。主要的故障原因：一是过载保护器异常，导致压缩机的供电时有时无；二是供电线路接触不良，导致压缩机的供电时有时无；三是制冷系统异常，导致压缩机电机过载，引起过载保护器动作；四是压缩机异常。

对于该故障，首先查压缩机电机的过载保护器是否正常，若接触不良，更换即可；若正常，检查制冷系统是否正常。若制冷系统不正常，查制冷系统；若制冷系统正常，查压缩机电机。

▶ 7. 压缩机不能停机

空调器不能停机，说明制冷系统、压缩机供电电路或温度检测电路异常。主要的故障原因：一是制冷剂不足，导致温度检测电路不能检测到需要的温度，使压缩机长时间运转；二是温度检测电路异常，导致压缩机不能停机；三是压缩机电机的供电电路异常，在温度达到要求后，不能切断压缩机的供电。

对于该故障，首先检查室内温度能否达到要求。若不能，则检查制冷系统；若能达到要求，则查温度检测电路是否正常，若不正常，检查传感器及其温度/电压变换电路；若温度检测电路正常，检查压缩机供电电路和微处理器。

8. 加热器不能加热

加热器不能加热，说明加热器或其供电系统异常。主要的故障原因：一是加热器没有供电；二是加热器开路。

对于该故障，首先测加热器的供电端子有无 220V 市电电压。若有，断电后测加热器的阻值就可以确认是加热器开路，还是熔断器、温控器开路；若没有电压，则检查加热器供电电路。

9. 噪声大

电气系统引起噪声大故障的主要原因：一是压缩机的减震系统异常；二是风扇电机异常。

首先，检查压缩机的减震泥是否脱落，减震橡胶垫是否失效，若是，更换或维修即可；若压缩机的减震系统正常，检查风扇电机的固定螺丝是否松动，若是，重新紧固即可；若电机固定正常，检查电机的轴承。

10. 漏电

漏电故障的主要原因：一是接地线脱落；二是风扇电机漏电；三是压缩机漏电；四是电源线漏电。

检修时，首先检查地线是否脱落，若是，应重新接好；若地线正常，检查电源线是否漏电，若是，更换或包扎；若电源线正常，依次检查风扇电机、压缩机、四通阀是否漏电即可。

技能 2　检修方法

1. 直观检查法

直观检查法也是检修空调器电气系统的最基本方法。它是通过问、看、听、摸、闻来判断故障部位的检修方法，维修中可通过该方法对故障部位进行初步判断。

（1）问

问是检修空调器电气系统最基本的方法。比如，在检修整机不工作时，若用户讲整机不工作时，其他电器也不能工作，说明市电供电系统异常；若其他电器正常，则说明空调器或为它供电的插座异常。

（2）看

看就是通过观察来发现故障部位和故障原因的检修方法。比如，检修压缩机不启动故障时，若发现启动器、过载保护器脱落、破损，则需要更换；若发现接线端子上的接线脱落，则需要重新连接。

（3）听

听就是通过耳朵听来发现故障部位和故障原因的检修方法。比如，在检修不制冷故障时，空调器通电后，若听不到压缩机运转发出的噪声，说明供电系统、启动器、保护器或压缩机异常；若压缩机启动后发出较大的"嗡嗡"声，不久就听到过载保护器发出"哒"的一声，说明市电电压、启动器或制冷系统异常引起压缩机过热，产生过载保护器动作的故障，当然压缩机异常也会产生该故障。

（4）摸

摸就是通过用手摸来发现故障部位和故障原因的检修方法。比如，检修不制冷故障时，若压缩机启动后不久过载保护器动作，摸压缩机温度高，就可怀疑压缩机的电机绕组匝间短路，如图6-32所示；再比如，检修噪声大故障时，若摸压缩机时噪声明显减小，说明压缩机的固定螺丝松动。

（5）闻

图6-32 摸压缩机温度判断故障部位

闻就是通过鼻子闻来发现故障部位和故障原因的检修方法。在检修压缩机运转不正常故障时，若闻到运转电容发出焦味，说明该电容漏液；若闻到电源线发出焦味，说明电源线异常。

2. 交流电压测量法

交流电压测量法就是通过检测怀疑点的交流电压是否正常，来判断故障部位和故障原因的方法。比如，在检修整机不工作故障时，测市电插座有无市电电压，若没有电压，说明市电供电系统异常；若有220V左右的电压，说明空调器内部的电气系统异常，如图6-33所示。再比如，在检修风扇电机运转、压缩机不转故障时，可使用万用表交流电压挡测量电脑板有无压缩机供电电压输出，若有供电输出，说明压缩机、启动器、过载保护器异常；若无电压输出，说明供电系统异常。

3. 电流测量法

电流测量法就是通过测量空调器的运行电流是否正常，来判断故障部位和故障原因的方法。比如，在检修室外风扇电机不运转故障时，可采用钳形表测量室外风扇电机的运行电流来判断故障部位，若运行电流过大，说明风扇电机的绕组或运行电容异常；若电流为零，说明电机启动，如图6-34所示。再比如，在检修压缩机不工作故障时，若运行电流大，说明压缩机异常；若电流为零，说明压缩机没启动。

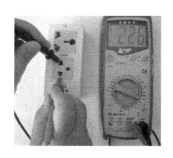

图6-33 插座市电电压的检测

图6-34 室外风扇电机运行电流的检测

4. 电阻测量法

电阻测量法是电气系统最主要的检修方法之一。该方法就是通过测怀疑的电源线、器件的阻值是否正常，来判断故障部位和故障原因的方法。当然，采用 200Ω 挡（数字万用表）或 R×1 挡（指针万用表）通过测量压缩机、风扇电机、温控器的供电端子间的阻值，基本上确认它们是否正常。比如，测量空调器整机电气系统是否正常，电阻测量法比较好用，如图 6-35 所示。用电阻挡测电源插头的零线、火线两个引脚间阻值时，即电脑板电源变压器的阻值，若阻值为无穷大，说明变压器或线路开路。另外，用万用表的 200MΩ 挡测电源插头的接地线引脚与另外一个引脚的阻值，阻值应为无穷大，若阻值较小，则说明加热器、风扇电机、压缩机、四通阀漏电。

 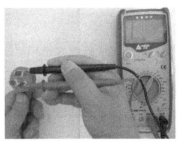

（a）测量供电回路的阻值　　　　　　　　　（b）测量是否漏电

图 6-35　电阻测量法判断故障部位的方法

> **！注意**
>
> 必须在断电的情况下测量电阻，以免损坏万用表。

> **方法与技巧**
>
> 检测电源线、过载保护器等器件是否断路时，可采用万用表的"通断"挡（有的万用表该功能附加在"PN 压降"挡上）进行测量。若万用表发出鸣叫声，说明正常；若没有鸣叫声，说明已断路；若鸣叫声时有时无，说明接触不良。

> **提示**
>
> 测量压缩机绕组的阻值时应采用 200Ω 挡或 2kΩ（数字万用表）或 R×1 或 R×10 挡（指针万用表）。

▶ 5. 振动法

振动法主要用于压缩机卡缸故障的维修。在为压缩机通电期间，用锤子敲打压缩机外壳，如图 6-36 所示。若压缩机能恢复正常运转，说明卡缸故障排除，加入一些冷冻润滑油可继续使用；若敲击无效，先为压缩机加注一些冷冻润滑油，再试验看能否运转，若运转，说明故障是由于缺冷冻润滑油引起的；若还不能运转，则需要配合大电流启动法进行修复，若仍无效，则需要维修或更换压缩机。

▶ 6. 大电流冲击法

大电流冲击（大启动电流）法主要修复压缩机卡缸故障。采用大启动电流时，停机后用一只容量较大的空调器压缩机电容与原电容并联接入电路，如图 6-37 所示。若还不能运转，则需要配合振动法修复，若还无效，则需要维修或更换压缩机。

图 6-36 振动法排除压缩机卡缸故障　　图 6-37 用大电流冲击法排除压缩机卡缸故障

思 考 题

1. 室内机、室外机电气系统都由什么构成？

2. 压缩机是如何运转的？过载保护器什么时候动作？

3. 如何检测压缩机电机绕组？

4. 风扇电机是如何工作的？如何检测它绕组的阻值？

5. 检测启动电容前为什么要放电？

6. 交流接触器是如何工作的？如何检测？

7. 四通阀线圈如何检测？怎么更换？

8. 电加热器是如何工作的？为什么要在加热回路设置温度型熔断器？

9. 压缩机不转都有哪些原因？

10. 压缩机卡壳时，是否可以采用振动法、大启动电流的方法修复？

电脑板电路故障检修

> **任务 1** 电脑板电路的构成与功能

知识 1 构成

空调器典型的电脑板电路（也称电脑板控制电路、电控板电路）由电源电路、微处理器（CPU）、温度检测系统、操作系统、供电开关系统、负载系统、显示系统、遥控发射/接收系统等构成，如图 7-1 所示。

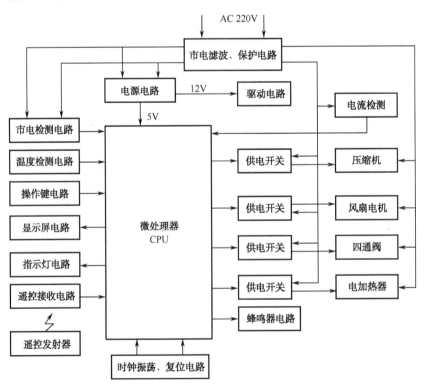

图 7-1 空调器典型控制系统构成方框图

知识2　单元电路的作用

▶1. 市电滤波、保护电路

市电滤波电路通过高频滤波电容或高频滤波电容和扼流圈组成的滤波器不仅可滤除市电电网中高频干扰脉冲，以免电网中的干扰脉冲影响微处理器（CPU）的正常工作，同时还可以阻止压缩机、风扇电机等工作时产生的大电流干扰脉冲窜入电网中，影响其他用电设备的正常工作。

▶2. 电源电路

由于空调器内的单片机、操作显示电路采用 5V 供电，而驱动电路、导风电机（步进电机）、电磁继电器等采用 12V 直流电压供电，所以电源电路通过普通线性稳压电源或开关电源将 220V 市电电压变换为 5V、12V 直流电压，来满足它们正常工作的需要。另外，电源电路还要为显示屏供电。

▶3. 微处理器电路

微处理器（CPU）电路主要的功能有三个：第一个是接收操作键电路、遥控接收电路送来的操作信号，输出开关机和压缩机、风扇电机运转/停止信号，进行开关机和制冷/制热等功能；第二个是接收温度传感器送来的检测信号，以便控制压缩机、风扇电机是否运转及运转时间；第三个是接收来自保护电路的保护信号，使压缩机、风扇电机等器件停止工作，同时还通过显示屏或指示灯显示故障代码，提醒用户空调器进入相应的保护状态。

▶4. 市电检测电路

市电检测电路为微处理器提供市电是否正常的检测信号。当市电正常时，为微处理器提供的检测信号正常，微处理器控制空调器进入用户所需的工作状态。一旦市电过高或过低时，该电路为微处理器提供市电异常的检测信号，被微处理器识别后输出保护信号使空调器停止工作，以免压缩机、风扇电机等贵重器件损坏。

▶5. 温度检测电路

温度检测电路利用负温度系数热敏电阻作为传感器，对室内环境温度、室内热交换器表面的温度、室外环境温度、室外热交换器表面温度进行检测，再通过阻抗信号/电压信号变换电路将阻抗信号变换为电压信号，送给微处理器相应的端口，被微处理器与存储器内存储的电压/温度数据比较后，可实现以下功能：

一是空调器工作在制冷/制热状态时，控制压缩机、风扇电机的运行时间；二是用于防冷冻、防冷风控制，并可以自动控制风扇电机的转速；三是除霜时控制化霜时间；四是制热期间还控制电加热器的供电；五是空调器异常时控制空调器或相关电路停止工作，实现保护功能。

▶6. 操作键电路

操作键电路就是用户通过操作键对空调器进行温度调整、风量调整等操作控制。分体壁挂式空调器的操作键通常就 1 个应急运行开关，在遥控器或遥控接收电路异常时，通过该开关可控制空调器工作在制冷或制热状态；分体柜机式空调器的室内机上通常设置了工作模式、温度调节、风速调节等操作键，通过这些操作键可控制空调器按用户需要工作。

7. 遥控、接收电路

遥控、接收电路就是用户利用遥控器发射红外信号，被红外接收电路接收后，由它内部的芯片进行处理并解码，将用户的操作信息送给微处理器（单片机），微处理器输出控制信号，控制空调器工作在用户需要的工作状态，从而完成遥控操作功能。

8. 显示电路

显示电路是调控显示屏、指示灯的电路，用来了解空调器的工作状态。

9. 驱动电路

微处理器输出的控制信号电流较小，不能直接控制供电开关的接通或断开，驱动电路的作用就是将控制信号进行放大。

10. 供电开关

供电开关就是利用电磁继电器、双向晶闸管或固态继电器为压缩机、室内/室外风扇电机、四通阀、电加热器供电。由于压缩机的功率大，所以它必须采用大功率的电磁继电器供电。

11. 过流保护电路

过流保护电路的作用就是通过检测压缩机运转电流来实现保护功能。当压缩机运转正常时，该电路为微处理器提供压缩机工作正常的检测信号，微处理器控制空调器按用户的设置工作；当压缩机电流过大时，检测信号被微处理器识别后，输出停机信号使压缩机停止工作，避免了电流过大给压缩机带来危害。

12. 蜂鸣器电路

该电路的作用就是通过鸣叫来提醒用户空调器的工作状态。

任务 2　电脑板电路的检修方法与工具、仪表

知识 1　电脑板电路常用的检修方法

电脑板控制电路检测方法除了采用交流电压测量法、电阻测量法外，还采用直流电压测量法、温度法、代换法、开路法、应急修理法、故障代码检修法等方法。

1. 直流电压测量法

直流电压测量法就是通过检测怀疑点的直流电压是否正常，来判断故障部位和故障原因的方法。比如在检修空调器整机不工作故障时，可使用万用表直流电压挡测量电源电路输出电压是否正常，判断故障是发生在电源电路，还是在微处理器电路，如图 7-2 所示。再比如，检修风扇电机运转，但压缩机不转的故障时，测为压缩机供电的继电器线圈有无 12V 电压，若没有，说明微处理器、驱动电路异常，若有供电，说明继电器或线路异常。

（a）检测输入端电压　　　　　　　　（b）检测输出端电压

图 7-2　空调器电脑板 5V 电源的检测

> **注　意**
>
> 若空调器的电源电路采用的是开关电源，在测量 300V 供电或开关电源初级电路关键点电压时，要注意安全，不要被电击。这是因为 300V 供电、开关电源初级电路通过整流管接市电线路。另外，由于直流电压是有正、负极性的，所以采用指针型万用表测量直流电压时必须要注意表笔的极性，以免表针反打，否则不仅会打弯表针，而且可能会损坏表头。

2. 温度法

温度法就是通过触摸一些元件的表面，通过感觉该元件的温度是否过高，来判断故障原因和故障部位的一种方法。有一定维修经验后，这种方法判断开关电源的开关管、继电器的驱动块是否正常时比较好用。通电不久，若它们出现温度过高的现象，说明它们存在功耗大或过流。采用温度法时应注意安全，以免触电。

3. 代换法

代换法就是用同规格的正常的元件代换不易判断是否正常的元件的方法。在空调器电脑板维修时主要是采用代换法判断电容、稳压管、集成电路、变压器等感性器件是否正常，对于性能差的三极管也可采用该方法进行判断。当然，维修时也可采用整体代换的方法进行故障部位的判断，比如，怀疑操作显示板异常引起空调器不能正常工作时，也可整体代换，代换后空调器能正常工作，说明被代换的操作显示板异常。同样，有的维修人员也常用代换法判断电脑板是否正常。

4. 开路法

开路法就通过脱开某个器件判断故障部位的方法。比如，在维修电源电路输出电压低的故障时，若断开驱动块的供电后电压恢复正常，说明故障部位发生在驱动块；若断开供电线路上的滤波电容后故障消失，说明滤波电容异常。再比如在检修风扇电机始终旋转的故障时，若脱开为风扇电机供电的驱动电路，电机能够停转，说明驱动电路或 CPU 异常，否则说明继电器的触点粘连。

5. 短路法

短路法就是将电脑板某部分线路或某个器件短路来判断故障部位的一种方法。比如，在检修室外风扇电机不转的故障时，用万用表的一根表笔线或其他导线短接为它供电的继电器触点引脚后，如图 7-3（a）所示，若电机能够旋转，则说明电机驱动电路异常；再比如，怀疑线路板断裂时，用导线短接它两端的焊点后，若能恢复正常，则说明电路板断裂，如图 7-3（b）所示。

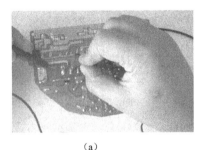 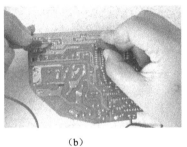

（a）　　　　　　　　　　　　　　　　（b）

图 7-3　短路法判断故障部位

> **提示**
>
> 由于压缩机启动电流较大，所以不能采用图 7-3 的短路方法，怀疑电路板断裂时应先将导线焊在线路板上，再为电脑板通电。

6. 对比检测法

对比检测法主要用于运算放大器、电压比较器、门电路的检测。当怀疑它们的一个输出端阻值异常时，可通过测量另外输出端的对地阻值，通过对比就可以确认该输出端是否正常。

7. 应急修理法

应急修理法就是通过取消某部分线路或某个器件进行修理的一种方法。比如，在检修压敏电阻短路引起熔断器熔断故障时，因市电电压正常时压敏电阻无作用，所以维修时若手头没有该元件，可不安装它并更换熔断器即可排除故障；再比如，维修时若发现 100mA 的 5V 稳压器损坏时，可以用 1.5A 的 5V 稳压器更换来排除。

8. 强制开机修理法

怀疑遥控器或室内机内部的遥控接收电路异常时，可拨动室内机上的强制开机开关置于试运行位置，若空调器进入试运行状态，基本上说明遥控器或接收器异常。

9. 故障代码修理法

新型空调器为了便于生产和故障维修，都具有故障自诊功能，当空调器出现故障后，被电脑板上的 CPU 检测后，通过指示灯或显示屏显示故障代码，提醒故障原因及故障发生部位，所以维修人员通过代码就会快速查找到故障部位。掌握该方法是快速维修新型空调器的捷径之一。

知识 2　检修工具

检修电路板除了需要使用螺丝钉、钳子等通用工具外，还需要以下工具。

1. 电烙铁

电烙铁是用于锡焊的专用工具。它有内加热和外加热两种。它的电功率通常在 10～300W 之间。空调器维修最好采用 30W 规格的电烙铁。如果有条件的话，在焊接空调器电脑板的元件时也可使用变压器式电烙铁。典型电烙铁实物外形如图 7-4 所示。

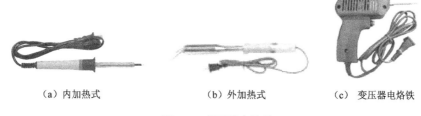

（a）内加热式　　　　（b）外加热式　　　　（c）变压器电烙铁

图 7-4　变压器电烙铁

> **提　示**
>
> 由于变压器式电烙铁具有输出电压低（1V 左右）、电流大、加热快、不漏电等优点，因此越来越广泛地应用于空调器电脑板维修工作中。

2. 焊锡

焊锡是用于焊接电子元件、电源电路线的材料。焊锡的实物外形如图 7-5 所示。目前生产的焊锡丝都已经内置了松香，所以焊接时不必再使用松香。

> **注　意**
>
> 焊接时的焊点大小要合适，过大浪费材料，过小容易脱焊，并且焊点要圆滑，不能有毛刺。另外，焊接时间也不要过长，以免烫坏焊接的元件或电路板。

3. 吸锡器

吸锡器是专门用来吸取电路板上元器件引脚焊锡的工具。当需要拆卸集成电路、变压器、晶体管等元件时，由于它们引脚较多或焊锡较多，所以在用电烙铁将所要拆卸元件引脚上的焊锡融化后，再用吸锡器将焊锡吸掉。吸锡器的实物外形如图 7-6 所示。

图 7-5　焊锡　　　　　　　　　　　　　图 7-6　吸锡器

▶ 4. 直流稳压电源

为了便于维修空调器电脑板还需要准备直流稳压电源，目前的直流稳压电源型号较多，但功能基本一致。通常维修空调器电路板时采用直流电压在 0～50V 可调的直流电源即可，典型的直流稳压电源如图 7-7 所示。

图 7-7　直流稳压电源

由于直流稳压电源可为电脑板低压供电电路提供工作电源，所以在接入前应先了解它们的供电值，然后调节好稳压电源的输出电压再连接到相应的供电滤波电容两端，以免被过高的电压损坏。如检修微处理器电路（单片机）时将稳压器的输出电压调在 5V，维修驱动电路等电路时将稳压电源的输出电压调整在 12V。

为电脑板供电时要先接电源负极，后接电源正极。拆下电源接口时要先拆电源正极，后拆电源负极。

▶ 5. 示波器

示波器能够观察和测量各种时域信号波形，由于空调器电脑板和遥控器内的时钟振荡器工作在脉冲状态，用万用表无法准确地测量振荡波形，而示波器可直观地反应信号的波形，帮助我们分析、判断故障部位所在。目前，维修电子设备常用示波器的工作频率为 20～200MHz。典型的双踪示波器外观如图 7-8 所示。

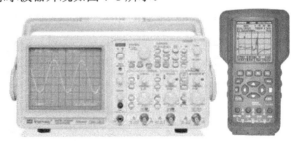

图 7-8　典型双踪示波器外观

（1）注意事项

为了安全、可靠地使用示波器，测试时应该注意一些事项。

一是测试前，应先估算被测信号幅度的大小，若不明确，应将示波器的幅度扫描调节旋钮（VOLTS/DIV）置于最大挡，以避免因电压过大而损坏示波器。

二是示波器工作时，周围不要放一些大功率的变压器，以免测出的波形会出现重影或噪波干扰。

三是示波器可作为高内阻的电流、电压表使用，因电脑板电路中很多地方都是一些高内阻电路，若使用一般万用表测电压，由于万用表的内阻较低，测量结果会不准确，而且可能会影响被测电路的正常工作，但由于示波器的输入阻抗较高，使用示波器的直流输入方式，先将示波器输入接地，确定好示波器的零基线，就能方便准确地测出被测信号的直流电压。

四是在测量小信号波形时，由于被测信号较弱，示波器上显示的波形不易同步，这时可仔细调节示波器上的触发电平控制旋钮，使被测信号稳定同步，必要时可配合调节扫描微调旋钮。

 提示

调节扫描微调旋钮会使屏幕上显示的频率读数发生变化，给计算频率造成一定困难。一般情况下，应将此旋钮顺时针旋转到底，使之位于校正位置（CAL）。

（2）示波器在维修工作中的应用

被测信号的幅度值：被测信号的幅度值等于被测信号在垂直方向所占的格数与幅度扫描调节旋钮（VOLTS/DIV）挡位的乘积，用公式表示：幅度值=幅度扫描调节旋钮（VOLTS/DIV）的挡位×被测信号所占的格数（上下格数）。如被测信号的波形如图7-9所示，幅度扫描调节旋钮（VOLTS/DIV）置于2V/DIV，测试探头置于1:1，由图7-9中看出，该波形的峰-峰值在垂直方向上占4格，根据上式可知该信号的幅度值为：2V/DIV×4格=8V。若测试探头置于10:1，则被测信号的幅度值应乘以10，即为80V。

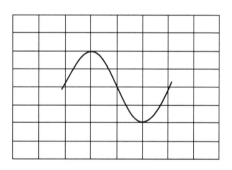

图7-9 被测正弦波

被测信号的周期和频率：示波器上显示波形的周期和频率，用波形在X轴上所占的格数来表示，被测信号一个完整的波形所占的格数与扫描时间开关的挡位的乘积，就是该波形的周期（T），周期的倒数就是频率（f），用公式表示就是：T=扫描时间选择开关的挡位×被测信号一个周期在水平方向上所占的格数，频率（f）$=1/T$。

如图7-9所示，被测信号在一个周期内占用4格，若扫描时间选择开关的挡位置于0.5ms/DIV，则被测信号的周期为：0.5ms×4格=2ms；频率为：$f=1/T=1/2ms=500Hz$。

直流电压的测量：首先，调节面板控制旋钮，使显示屏显示一条亮线（扫描基线），并上下调整，将此亮线与水平中心刻度线重合，作为参考电压。

其次，将输入耦合开关置于"DC"位置，再将探针接到机板相关测试点，若基准扫描线原在中间位置，则正电压输入后，扫描线上移，负电压输入后，扫描线下移，扫描线偏移的格数乘以幅度扫描调节旋钮的挡位数，即可计算出被测信号的直流电压值。

交流电压的测量：首先，将输入耦合开关置于"AC"位置，将探针接到机板相关测试点，从屏幕上读出波形峰-峰间所占的格数，将它乘以幅度扫描调节旋钮的挡位数，就可以计算出被测信号的交流电压值。

▶ 6. 热风枪

目前许多空调器的电路板采用了大量贴片扁平焊接型元件，这种扁平型焊接元件需要用热风枪才能方便地取下，常见的热风枪实物与构成如图7-10所示。使用热风枪应注意的事项如下。

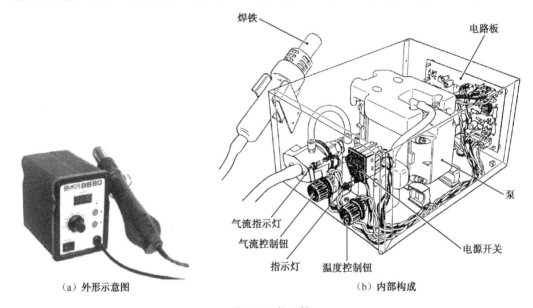

（a）外形示意图　　　　　　　（b）内部构成

图 7-10　热风枪

一是根据所焊元件的大小，选择不同的喷嘴；二是正确调节温度和风力调节旋钮，使温度和风力适当。如吹焊电阻、电容、晶体管等小元件时温度一般调到2～3挡，风速调到1～2挡；吹焊集成电路时，温度一般调到3～5挡，风速调到2～3挡。但由于热风枪品牌众多，拆焊的元器件耐热情况也各不相同，所以热风枪的温度和风速的调节可根据个人的习惯，并视具体情况而定；三是将喷嘴对准所拆元件，等焊锡熔化后再用镊子取下元件。

▷任务3　空调器典型电路板识别

知识1　电路板的分类

▶ 1. 按功能分类

空调电路板根据功能可分为室内机电路板、室外机电路板和变频压缩机驱动板。

▶ 2. 按构成分类

空调电路板按构成可分为普通元件和普通元件、贴片元件混合型两种。所谓的普通元件就是采用插入焊接方式的元件,也就是元件的引脚从电路板的正面插入,而在电路板的背面进行焊接。贴片元件也叫贴面元件,它的引脚是扁平的,它的引脚焊接部位与元器件是一侧的。

知识 2　典型电路板的识别

1. 普通元器件构成的电路板

普通元器件构成的典型空调电路板如图 7-11 所示。

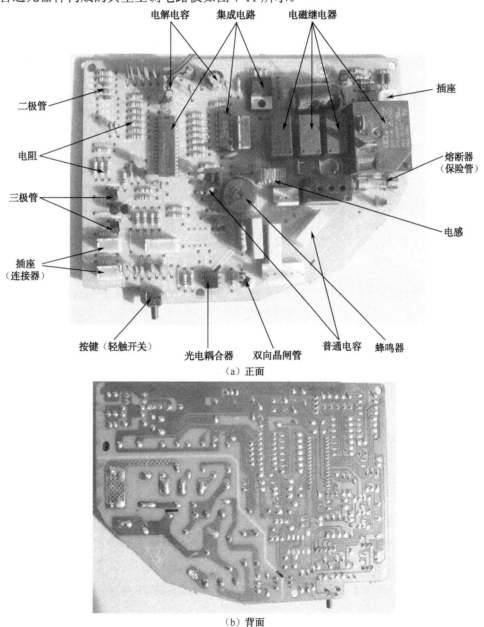

（a）正面

（b）背面

图 7-11　普通元器件构成的典型空调电路板

▶2. 普通元器件、贴片元器件构成的电路板

普通元器件、贴片元器件构成的典型空调电路板如图 7-12 所示。其中，普通元器件安装在电路板的正面，贴片型集成电路安装在电路板的背面。

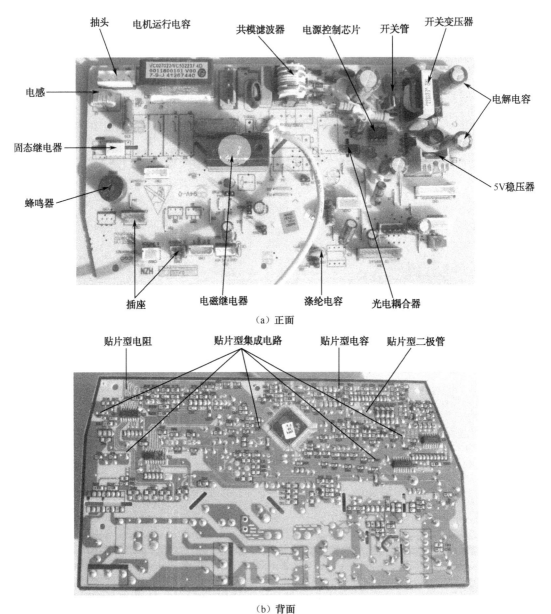

（a）正面

（b）背面

图 7-12　普通元器件、贴片元器件构成的典型空调电路板

任务 4 电脑板典型单元电路故障检修

知识 1 市电滤波、保护电路

空调器电路板采用的典型市电输入电路由过压、过流保护电路和线路滤波器构成，如图 7-13 所示。

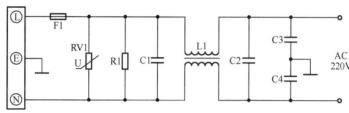

图 7-13 市电滤波、保护电路

▶ 1. 线路滤波器

线路滤波器（高频滤波器）由互感线圈 L1，差模滤波电容 C1、C2 和共模滤波电容 C3、C4 组成。

L1 由一个磁芯和两个匝数相同但绕向相反的绕组构成，因此其磁芯不会饱和，可有效地抑制对称性干扰脉冲，并且抑制效果与电感量成正比。

差模滤波电容（也称 X 电容）C1、C2 主要用来抑制对称性干扰脉冲。抑制效果和电容容量成正比，但容量也不能过大，否则不仅会浪费电能，而且还对市电电网带来污染。

R1 是 C1、C2 的泄放电阻，在关机后 C1、C2 提供放电回路，使 C1、C2 在下次开机时能够更好地抑制干扰脉冲。放电效果与 R1 的阻值成反比，但阻值过小会浪费电容，并且 R1 容易损坏。

共模滤波电容（也称 Y 电容）C3、C4 主要用来抑制不对称性干扰脉冲。抑制效果和电容容量成正比，但容量也不能过大，否则可能会影响电脑板电路的正常工作。

▶ 2. 市电过流、过压保护

市电输入回路串入的 3.15～20A 熔断器（俗称保险管）F1 用于过流保护。当后面的电路异常，使电流超过熔断器标称值时，F1 内的熔体（保险丝）过流熔断，切断市电输入回路，不仅可避免扩大故障范围，而且避免了过流给电网带来危害，可实现过流保护。

防止市电过压最简单的方法就是在市电输入回路并接一只压敏电阻 RV1，当市电正常时 RV1 相当于开路，不影响电源等电路正常工作。当市电过高时它被击穿，使熔断器 F1 过流熔断，切断市电输入回路，避免了市电滤波元件或电源电路的元器件过压损坏。

▶ 3. 常见故障检修

（1）常见故障

滤波电容 C1、C2 和压敏电阻 RV1 过压损坏后，表面一般会有裂痕或黑点；C1、C2 和

RV1 击穿短路后，会引起熔断器 F1 过流熔断，产生整机不工作的故障。

互感线圈 L1 的磁芯松动，它会发出"吱吱"声；若绕组出现匝间短路，会导致熔断器 F1 内的熔体过流熔断，此时它的绕组有发黑等异常现象；若 L1 的引脚脱焊，会导致开关电源无市电电压输入而不工作，电源电路无电压输出，产生整机不工作的故障。

> **注 意**
>
> 熔断器 F1 内部的熔体过流熔断后，熔体的残渣会在玻璃壳内壁上产生黑斑或黄斑，有时还会导致玻璃壳因过热而破裂的现象。若玻璃壳内壁上有严重的黑斑或黄斑，说明过流情况较严重，通常是因为负载有元件击穿或严重漏电所致；若玻璃壳上有轻微的黄斑，说明过流不严重，有时是熔断器自身损坏。

（2）故障检修

怀疑 RV1、C1、C2 被击穿而它们的外观正常时，可采用万用表的通断测量挡（二极管挡）或最小电阻挡在路测量，若蜂鸣器鸣叫或阻值较小，则说明 RV1、C1、C2 被击穿，再脱开它们的一个引脚后测量，就可以确认是 RV1 被击穿，还是 C1 或 C2 被击穿。

当然怀疑熔断器异常时，也可以通过测量它的阻值是否正常，确认它是否开路。

知识 2　电源电路

▶ 1. 分类

目前空调器电脑板采用的电源电路有两种：一种是变压器降压、线性稳压电源电路，另一种是开关电源型稳压电源电路。

▶ 2. 线性稳压电源

变频空调器采用的典型线性稳压电源电路如图 7-14 所示。

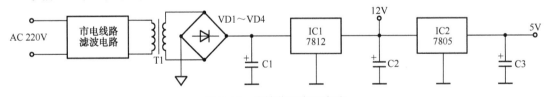

图 7-14　线性稳压电源电路

（1）电路分析

空调器通上 220V 市电电压后，该电压经线路滤波器滤波，加到变压器 T1 的初级绕组，利用 T1 降压，从它的次级绕组输出 15V（与市电电压高低有关）左右的交流电压，经 VD1～VD4 桥式整流，C1 滤波后，产生的直流电压利用三端稳压器 IC1（7812）稳压，C2 滤波获得 12V 直流电压。12V 电压不仅为继电器、步进电机等负载供电，而且通过三端稳压器 IC2（7805）稳压，C3 滤波获得 5V 直流电压，为微处理器（CPU）、温度检测电路、遥控接收电路等供电。

（2）典型故障

变压器 T1 初级绕组开路或该绕组串联的温度熔断器熔断，使 T1 不能输出 15V 左右的交流电压，滤波电容 C1 两端也就不能形成 22V 直流电压，因此 C2、C3 两端也就无法形成 12V

和 5V 的直流电压，负载电路不能工作，产生整机不工作的故障。T1 初级绕组开路，有时是由于整流管 VD1～VD4 或滤波电容 C1 击穿，使 T1 的绕组因过流发热所致。

12V 稳压器 IC1 异常或滤波电容 C2 击穿，使 IC1 进入过热保护状态后，IC1 不能输出 12V 电压或输出电压过低，导致驱动电路不工作，产生压缩机、风扇电机不运转的故障。

5V 稳压器 IC2 异常或滤波电容 C3 击穿，使 IC2 进入过热保护状态后，IC2 不能输出 5V 电压或输出电压过低，导致微处理器、操作显示电路不工作，产生整机不工作的故障。

C1、C3 容量不足会使 5V 供电的纹波较大，产生微处理器不工作或工作紊乱等故障。

（3）故障检修

怀疑变压器 T1 异常时，可采用电压测量法和电阻测量法进行确认。首先，用万用表的交流电压挡测 T1 的初级绕组有 220V 市电电压，而它的次级绕组没有 15V 左右的交流电压，则说明 T1 的绕组开路。断电后，用万用表电阻挡测 T1 的初级绕组阻值就可以确认。

怀疑滤波电容 C1～C3 异常时，可采用电阻测量法或代换法进行判断。

怀疑 12V 稳压器 IC1 异常时，可通过电压法和开路法进行判断。测 C2 两端电压低于 12V 较多，而 C1 两端电压正常，说明 IC1 或其负载异常。断电后，脱开 IC1 的输出端后，测输出端电压仍低，则说明 IC1 损坏；若电压恢复到 12V，则说明 C2 或其负载异常。将 IC1 的输出端引脚补焊后，再检查 C2 是否正常，若正常，则通过断开负载的 12V 供电，测 C2 两端电压是否恢复正常，确认故障部位。

怀疑 5V 稳压器 IC2 异常时的检测方法与 IC1 的方法相同。

📖 方法与技巧

有时 IC1、IC2 内阻大时，会出现稳压器的空载电压正常，而接上负载时输出电压下降的现象，即带载能力差的故障。这与负载过流引起输出电压下降相似，给缺乏维修经验的维修人员对故障的判断带来困难，不仅浪费了维修时间，还可能会影响维修人员的声誉。对于这种故障，最好采用正常的稳压器代换检查。

⚠ 注 意

若采用指针式万用表测电流时，要将黑表笔接负载侧，红表笔接稳压器输出侧，以免接错表笔，引起表针反偏转，甚至可能会将表针打弯或损坏万用表的表头。而采用数字式万用表测量电流时无须注意表笔的极性，直接测量即可。

▶ 3. 开关电源

由于线性稳压电源电路市电范围小、工作效率低，所以目前许多空调器采用效率高、体积小的开关电源。空调器电路板采用的开关电源虽然都属于并联型变压器耦合型开关电源，但从激励方式可分为自激式和他激式两种。

（1）自激式开关电源

空调器电脑板上的并联型自激式开关电源多采用分离元器件构成，如图 7-15 所示。

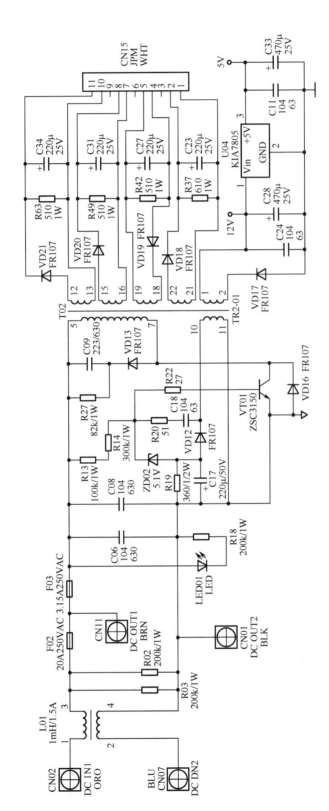

图7-15 典型并联型自激式开关电源

① 功率变换

连接器 CN02、CN07 输入的 300V 左右直流电压经电感 L01 和熔断器 F02 输入后，一路通过连接器 CN11、CN01 输出，为 IPM 供电；另一路通过熔断器 F03 送到开关电源。该电压第一路经 LED01 和 R18 构成回路使 LED01 发光，表明开关电源已输入 300V 供电电压；第二路通过开关变压器 T02 的初级绕组（5～7 绕组）为开关管 VT01 供电；第三路通过启动电阻 R13、R14 限流，利用稳压管 ZD02 和 R19 稳压获得启动电压。该电压经 R22 加到 VT01 的 b 极，为 VT01 提供启动电流，使 VT01 启动导通。开关管 VT01 导通后，它的 c 极电流使 5～7 绕组产生⑤脚正、⑦脚负的电动势，正反馈绕组（10～11 绕组）感应出⑩脚正、⑪脚负的脉冲电压。该电压经 C18、R20、R22、VT01 的 be 结构成正反馈回路，使 VT01 因正反馈雪崩过程迅速进入饱和导通状态，它的 c 极电流不再增大，因电感中的电流不能突变，于是 5～7 绕组产生反相电动势，致使 10～11 绕组相应产生反相电动势。该电动势通过 C18、R20 使 VT01 迅速进入截止状态。VT01 截止后，T02 存储的能量通过次级绕组开始输出。随着 T02 存储的能量释放到一定的时候，T02 各个绕组产生反相电动势，于是 10-11 绕组产生的脉冲电压经 C18、R20 再次使 VT01 进入饱和导通状态，形成自激振荡。

开关电源工作后，开关变压器 T02 次级绕组输出的电压经整流、滤波后产生多种直流电压。其中，12～13、15～16、21～22 绕组输出的脉冲电压通过各自的整流管整流、滤波电容滤波后产生 15V 电压，18-19 绕组输出的脉冲电压通过 VD19 整流、C27 滤波产生−15V 电压，1～2 绕组输出的脉冲电压通过 VD17 整流、C28 滤波产生 12V 电压。12V 电压不仅为继电器、驱动块等负载供电，还通过 U04 稳压输出 5V 电压，为微处理器 U02 供电。

由于开关管 VT01 的负载开关变压器 T02 是感性元件，所以 VT01 截止瞬间，T02 的 5～7 绕组会在 VT01 的 c 极上产生较高的脉冲电压，该脉冲电压的尖峰值较大，容易导致 VT01 过压损坏。为了避免这种危害，在 5～7 绕组两端并联的 VD13、R27、C09 组成尖峰脉冲吸收回路。该电路在 VT01 截止瞬间将尖峰脉冲有效地吸收，从而避免了 VT01 过压损坏。

② 稳压控制

该稳压控制电路通过开关变压器 T02 的 10～11 绕组得到取样电压，所以该误差取样方式属于间接取样方式。此类取样方式的稳压控制响应速度慢，空载时输出电压会略高于正常值。检修时要注意，以免误判。

当市电电压升高或负载变轻，引起 T02 各个绕组产生的脉冲电压升高时，10～11 绕组升高的脉冲电压经 VD12 整流、滤波电容 C17 滤波获得的取样电压（负压）相应升高，使稳压管 ZD02 击穿导通加强，为开关管 VT01 的 b 极提供负电压，VT01 提前截止，致使 VT01 导通时间缩短，T02 存储的能量下降，开关电源输出电压下降到正常值，实现稳压控制。当市电电压下降或负载变重引起开关电源输出电压下降时，稳压控制过程相反。

③ 常见故障检修

熔断器 F03 熔断：检修该故障时，首先将数字式万用表置于"二极管"挡或将指针式万用表置于 R×1 挡，在路测开关管 VT01 的 c、e 极间的阻值，若阻值过小，说明 VT01 或滤波电容 C06、C08 击穿。此时，接着测 VT01 的 b 极对 c 极的阻值是否也过小，若是，说明 VT01 被击穿，否则说明 C06 或 C08 被击穿。若测量 VT01 的 c、e 极间阻值正常，说明 VT01 和 C06、C08 正常，F03 熔断多因自身原因损坏。

！注 意

开关管 VT01 被击穿后，必须要检查误差取样电路的 C17、VD12、ZD02 和尖峰脉冲吸收回路的 R27、C09、VD13 是否正常，以免更换后的三极管再次被击穿。

熔断器 F03 正常，但开关电源无电压输出：检修该故障时，先听开关变压器 T02 有无高频叫声，若没有叫声，多是因为开关电源没有起振所致。此时，测开关管 VT01 的 b 极电压，若没有 0.6V 电压，检查 R13、R14 是否开路、VT01 的 be 结是否被击穿；若 VT01 的 b 极有 0.6V 电压，应检查 R20、C18 和 T02。若 T02 有高频叫声，说明开关电源已起振，但振荡频率较低，此时，主要检查 C18 及 T02 所接的二极管是否正常，若异常，更换即可；若正常，检查 CT02 与 CN15 间的电解电容是否正常即可。

💧 提 示

测量开关管 VT01 的 b 极电压时，黑表笔要接在热地上，也就是接住 CN01 上。由于热地通过 300V 电源的整流管与市电输入回路相接，所以测量时要注意安全，以免被电击。

开关电源输出电压低故障：检修该故障时，主要检查稳压管 ZD02、电容 C17 和 C18，以及电阻 R20 是否正常。ZD02 和 R20 是否正常可通过在路测量阻值进行确认，C17、C18 是否正常可通过测量容量值或采用代换法来确认。

（2）他激式开关电源

空调器采用的典型他激式开关电源多由新型电源控制芯片或电源模块为核心构成。下面以 BYV26C（IC01）构成的开关电源为例介绍他激式开关电源的故障检修方法。BYV26C 构成的并联型开关电源电路如图 7-16 所示。BYV26C 是由电源控制芯片和场效应管二次集成的电源模块。

① 功率变换

300V 直流电压经开关变压器 T1 初级绕组（1-2 绕组）加到 IC01 的⑤～⑧脚，不仅为它内部的开关管供电，还使其内部的控制电路开始工作。控制电路工作后，由其产生的激励脉冲信号使开关管工作在开关状态。

开关电源工作后，开关变压器 T1 的 7～8 绕组输出的脉冲电压经 VD3 整流、E2 滤波后产生 15V 电压，为 IPM 的驱动电路供电；3～4 绕组输出的脉冲电压经 VD2 整流、R3 限流，再通过 E1 滤波产生的电压，取代启动电路为 IC01 供电；5～6 绕组输出的脉冲电压通过 VD4 整流，E3、L1、E4 滤波产生 12V 电压。12V 电压第一路为继电器及其驱动电路供电；第二路为误差取样电路提供取样电压；第三路通过 5V 稳压器 IC02 产生 5V 电压，为微处理器、存储器等电路供电。

T1 初级绕组两端接的 VD1、ZD1 用来限制尖峰脉冲的幅度，以免 IC01 内的开关管被过高的尖峰脉冲击穿。

② 稳压控制

该电源的稳压控制电路由三端误差放大器 IC04、光电耦合器 PC02、芯片 IC01 和误差取样电路构成。由于此类误差取样、放大方式利用光电耦合器将开关电源次级侧的误差取样、放大电路和初级侧脉宽控制电路连接起来，该电路可直接对次级输出的电压进行取样、放大，所以稳压控制性能好，并且开关电源空载时输出电压也会稳定不变。

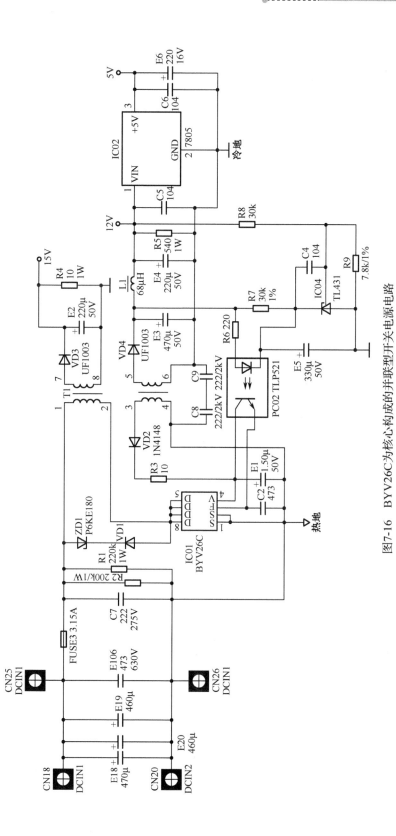

图7-16　BYV26C为核心构成的并联型开关电源电路

当市电升高或负载变轻，引起开关电源输出电压升高时，滤波电容 E3 两端升高的电压不仅经 R6 为光电耦合器 PC02 内的发光管提供的电压升高，而且经 R8、R9 组成的取样电路取样，产生的取样电压超过 2.5V。该电压经三端误差放大器 IC04 放大后，输出电压下降，使 PC02 内的发光二极管因导通电压增大而发光加强，致使 PC02 内的光敏三极管因受光加强而导通加强，为 IC01 的③脚提供的控制电压增大，经 IC01 内的控制电路处理后，使开关管的导通时间缩短，输出端电压下降到规定值。当输出端电压下降时，稳压控制过程相反。

③ 软启动控制

光电耦合器 PC02 内的发光管负极还通过电容 E5 接地，所以 E5 就是启动电容。开机瞬间，由于 E5 需要充电，在它充电过程中，流过 PC02 内的发光管的电流由大逐渐下降到正常，致使它内部的光敏管导通程度由强逐渐下降到正常，为 IC01③脚提供的电压也是由大逐渐降低到正常，使开关管导通时间由短逐渐延长到正常，避免了开机瞬间可能导致开关管过激损坏，实现软启动控制。

④ 典型故障检修

该电源电路异常会产生没有电压输出、输出电压低的故障。

无电压输出：该故障说明电源电路没有市电输入或电源电路没有工作。首先，察看电源块 IC01 是否炸裂，若是，除了要检查 VD1、ZD1 是否正常外，还要检查稳压控制电路的 PC02、IC04、R7、R8 是否正常，以免导致更换后三极管等元件再次损坏。若 IC01 正常，测滤波电容 C7 两端有无 300V 电压，若没有，检查 300V 供电电路；若 C7 两端电压正常，测 IC01 的⑧脚有无供电，若没有，检查线路；若 IC01 的⑧脚供电正常，检查 VD2、PC02、E1 是否正常，若不正常，更换即可；若正常，检查 IC01 和 T1。

输出电压低：该故障主要检查开关变压器所接二极管、电容和稳压控制电路。首先，在路测二极管 VD4、VD2 是否正常，若异常，更换即可；若正常，检查 R9、R3、E5、E1 是否正常，若不正常，更换即可；若正常，检查 IC04、PC22 是否正常，若不正常，更换即可；若正常，检查 IC01 和 T1。

知识3 微处理电路

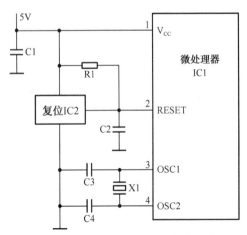

图 7-17 微处理器基本工作条件电路

微处理器电路要想正常工作，都必须满足供电、复位信号和时钟信号正常的 3 个基本条件。典型的微处理器基本工作条件电路如图 7-17 所示。

▶1. 供电

（1）工作原理

电源电路输出的 5V 电压经 C1 滤波后，加到微处理器 IC1 供电端 V_{CC}，为 IC1 内部电路供电。大部分微处理器能够在 4.6～5.3V 的供电范围内正常工作。

（2）典型故障检修

若微处理器没有 5V 电压供电，微处理器不能工作，会产生整机不工作、电源指示灯不亮的故障。当 V_{CC} 电压不足，会产生微处理器有时能工作、有时不能工作，甚至工作紊乱的故障；而 V_{CC} 电压高不仅会导致微处理器工作紊乱，还可能会导致微处理器等元器件过压损坏。用万用表的直流电压挡测微处理器 IC1 的 V_{CC} 端电压就可以确认供电是否正常。

> **提 示**
>
> 工作紊乱的故障现象多表现为继电器连续发出闭合、释放的"哒哒"声音，显示屏的数字乱闪。

2. 复位

微处理器的复位方式有低电平复位和高电平复位两种。采用低电平复位方式的微处理器复位端 RESET 有 0～5V 的复位信号输入，采用高电平复位方式的微处理器复位端 RESET 有一个 5～0V 的复位信号输入。下面以图 7-17 所示电路为例介绍低电平复位方式的工作原理。

（1）工作原理

变频空调器控制系统的复位信号多由专用复位芯片 IC2（多为 MC34064）提供。开机瞬间，由于 5V 电源电压在滤波电容的作用下是逐渐升高的，当该电压低于设置值（多为 3.6V）时，IC2 的输出端输出一个低电平的复位信号。该信号加到微处理器 IC1 的 RESET 端，IC1 内的存储器、寄存器等电路清零复位。随着 5V 电源电压的不断升高，IC2 输出高电平信号，经 C2 滤波后加到 IC1 的 RESET 端后，它的内部电路复位结束，开始工作。

（2）典型故障检修

若微处理器没有复位信号输入，微处理器不能工作，会产生整机不工作、电源指示灯不亮的故障。当复位信号异常时，会产生微处理器有时能工作、有时不能工作，甚至工作紊乱的故障。

复位信号是否正常，最好采用示波器进行检测，若没有示波器也可以采用模拟、电压检测、器件代换等方法进行检测。

> **方法与技巧**
>
> 由于复位时间极短，所以通过测电压的方法很难判断微处理器是否输入了复位信号，而一般维修人员又没有示波器，为此可通过简单易行的模拟法进行判断。对于采用低电平复位方式的复位电路，在确认复位端子电压为 5V 时，可通过 150Ω 电阻将微处理器的复位端子 RESET 对地瞬间短接，若微处理器能够正常工作，说明复位电路异常；对于采用高电平复位方式的复位电路，在确认复位端子电压为低电平时，可通过 150Ω 电阻将微处理器的 RESET 端子对 5V 电源瞬间短接，若微处理器能够正常工作，说明复位电路异常。

> **提 示**
>
> 因该复位电路的 R1 也参与复位信号的形成，所以 IC2 开路时 R1 和 C2 也可以形成复位信号，使 IC1 完成复位后进入工作状态。不过，其他的复位电路，在复位芯片异常时则可能不会形成复位信号，产生微处理器电路不能工作的故障。

3. 时钟振荡

（1）工作原理

微处理器 IC1 获得供电后，它 OSC1、OSC2 端内部振荡器与外接的晶振 X1 和移相电容 C3、C4 通过振荡产生时钟信号，该信号经分频后作为系统控制电路的基准信号。

（2）典型故障检修

若时钟电路异常不能形成时钟信号，微处理器不能工作，会产生整机不工作、电源指示灯不亮的故障。当时钟信号异常时，会产生微处理器有时能工作、有时不能工作，甚至工作紊乱的故障，比如，时钟电路异常时会导致制冷期间室内温度较高时压缩机不能工作在高频状态，而工作在中频或低频状态。

怀疑时钟振荡电路异常时，最好采用代换法对晶振、移相电容进行判断。

知识4 操作、显示与存储电路

操作、显示与存储电路应用在室内机微处理器电路。该电路主要由操作键、遥控发射器、遥控接收电路、存储器构成，如图 7-18 所示。

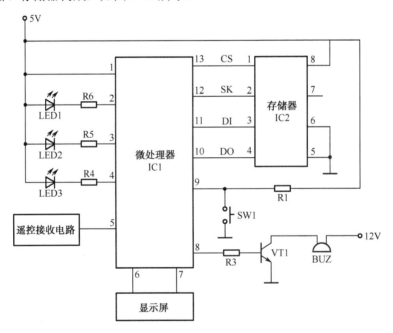

图 7-18　典型操作、显示与存储电路

1. 遥控操作电路

（1）控制过程

微处理器 IC1⑤脚外接的遥控接收电路（组件）俗称接收头，该电路对遥控器发出的红外光信号识别处理后将其送到 IC1⑤脚，被 ICI 内部电路检测后，通过相应的端口输出控制信号，实现操作控制。

（2）典型故障检修

该电路异常不仅会产生遥控失灵、遥控距离短的故障，而且会产生误控制的故障。

① 遥控失灵

维修遥控失灵故障时，在确认供电电路正常并且它与微处理器之间通路正常后，若没有发现有接触不良的元器件，就可以更换接收头。另外，遥控器异常也会产生遥控失灵故障，常见的故障元器件是晶振或红外发射管。导电橡胶老化会产生部分按键操作失灵的故障。若编码芯片异常，通常采用更换遥控器的方法排除故障。

② 遥控距离短

产生遥控距离短的故障原因：一是遥控器内的电池电量不足，二是遥控器内的发射管老化，三是变频空调器上的遥控接收窗口脏污，四是遥控接收头的供电异常，五是接收头老化。

③ 误控制

误控制的主要原因：一是市电有干扰或室内机附近有其他干扰源，导致遥控接收头工作紊乱；二是按键粘连或漏电等原因，导致遥控器输出的控制信号异常，使微处理器电路工作紊乱。

2. 操作键电路

（1）控制过程

IC1 的⑨脚外接的轻触按键开关 SW1 是用户进行功能操作的按键。当按压该键时，IC1 的⑨脚电位变为低电平，被 IC1 检测后，控制相应的端口输出控制信号，实现操作控制。

（2）典型故障检修

按键开路会产生控制功能失效的故障；按键接触不良会产生有时控制正常、有时失效的故障；按键漏电则会产生不能开机或误操作的故障。

采用万用表 R×1 挡检测按键开关就可以判断它是否开路、接触不良或漏电，也可以采用脱开一个引脚的方法判断它是否漏电。

3. 蜂鸣器电路

蜂鸣器电路由 IC1、三极管 VT1、蜂鸣器 BUZ 等构成。

（1）工作原理

每次进行操作时，IC1 的⑧脚输出蜂鸣器驱动信号。该信号通过 R3 限流、VT1 倒相放大后，驱动蜂鸣器 BUZ 鸣叫一声，提醒用户空调器已收到操作信号，此次控制有效。

（2）典型故障检修

该电路异常会产生蜂鸣器不鸣叫或声音失真的故障。

采用数字式万用表二极管挡或指针式万用表 R×1 挡在路测三极管 VT1、蜂鸣器是否正常，若正常，检查 R3 和 IC1。

> 提示
>
> 若没有指针万用表，也可以采用 1 节 5 号电池通过导线点击蜂鸣器的两个引脚，若蜂鸣器发出"咔咔"声，说明蜂鸣器正常，若没有声，说明蜂鸣器异常。

4. 指示灯电路

（1）工作原理

发光管 LED1～LED3 分别是电源、运行、定时指示灯。它们通过电阻接在微处理器 IC1 的②～④脚上，当相应的引脚为低电平时，受控发光管发光，表明空调器的工作状态。

> **提示**
>
> 许多空调器的指示灯不是由微处理器直接供电的，而是与蜂鸣器电路一样，需要通过三极管进行放大后，驱动发光管发光。

（2）典型故障检修

该电路异常会产生指示灯不亮或始终发光的故障。

检修发光管不发光故障时，若发光管两端有电压，则说明发光管异常。发光管也可以采用数字式万用表的二极管挡进行检测。而发光管始终发光，说明微处理器 IC1 异常，不过，该故障一般不会发生。

5. 显示屏电路

（1）工作原理

空调器多采用数码管显示屏或 VFD（Vaccum Fluorescence Display）型显示屏。数码管显示屏采用发光管构成，具有电路简单、成本低等优点，所以普通定频空调器采用数码管显示屏；VFD 显示屏采用真空荧光显示器件，实现彩色图形显示，具有夜视功能，所以新型的定频空调和变频空调器多采用 VFD 显示屏。

（2）典型故障检修

该电路异常会产生显示屏不亮或显示的字符缺笔画的故障。

数码管显示屏的检修方法和发光二极管相同。而 VFD 显示屏则需要检查供电电路、驱动电路，以及微处理器，在确认供电正常后，多采用代换法来判断故障部位的。

6. 存储器

（1）工作原理

空调器的微处理器电路为了操作信息等数据，需要设置存储器电路。功能较少的空调器微处理器内部设置的存储器就可以满足需要，而且许多功能强大的空调器（尤其是变频空调器）微处理器则需要外部设置扩展存储器。该存储器不仅存储了用户操作后的数据，而且存储了微处理器正常工作所需要的各种控制数据。该存储器属于电可擦写只读存储器。

当存储器时钟信号输入端 SK 在时钟信号为低电平时，存储器才能接收来自微处理器 IC1 的指令；当片选信号输入端 CS 输入的信号为低电平时，IC1 才能通过 DO 端从存储器 IC2 内部读取数据，同样只有片选信号为低电平时，IC1 才能通过 DI 端将数据存储在 IC2 内部。

> **提示**
>
> 目前，许多新型空调器的存储器通过 I^2C 总线与微处理器进行通信，不仅简化了电路结构，而且提高了读写速度。

（2）典型故障检修

存储器异常主要的故障是整机不工作，其次是某个功能异常，如制冷/制热温度异常、风扇转速异常等。

检查存储器电路时，首先测存储器 IC2 的供电是否正常，若供电正常，再检查它与 IC1 间的连线是否正常，若正常，可代换检查 IC2，若代换 IC2 无效，说明 IC1 异常。

代换检查时，使用的存储器必须是写有数据的存储器，否则空调器不能正常工作。

知识 5　室内风扇电机供电、控制电路

室内风扇电机主要采用了固态继电器或电磁继电器两种供电方式。下面分别对它们进行介绍。

1. 固态继电器供电方式

室内风扇电机固态继电器供电方式的典型供电电路是由固态继电器 IC2 为核心构成，如图 7-19 所示。

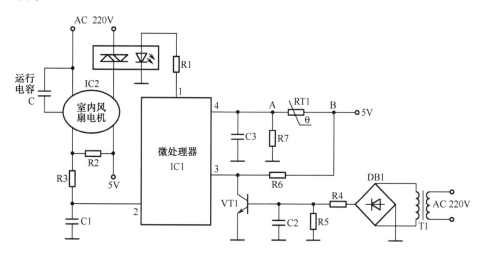

图 7-19　空调器典型的风扇电机供电电路（一）

（1）供电控制

制冷/制热期间，微处理器 IC1 的室内风扇电机供电控制端脚输出高电平控制电压，该电压通过 R1 限流，为固态继电器 IC2 内的发光管供电，使发光管开始发光，致使 IC2 内的双向晶闸管开始导通，接通室内风扇电机的供电回路，启动风扇电机运转，开始为室内机通风，确保室内热交换器能够完成热交换功能。当 IC1 的①脚输出的控制信号为低电平后，IC2 内的发光管因无导通电流而熄灭，致使它内部的双向晶闸管截止，室内风扇电机因失去供电而停转。

提 示

因交流固态继电器主要由发光管和晶闸管构成，所以许多资料而将它俗称为光耦晶闸管或光耦可控硅。部分空调器采用双向晶闸管为室内风扇电机供电，所以微处理器需要通过小功率固态继电器或光电耦合器为其提供触发信号。

（2）市电过零检测电路

为了保证固态继电器或双向晶闸管不在导通瞬间过流损坏，需要设置市电过零检测（同步信号输入）电路。典型的交流过零检测电路由变压器 T1、三极管 VT1、电阻 R7 和滤波电容 C3 组成。

由电源变压器 T1 次级绕组输出的交流电压，经 R4、R5 取样后，利用 C3 滤除高频干扰脉冲，再经 VT1 倒相放大，产生的交流信号就是同步控制信号。该信号作为基准信号加到微处理器 IC1 的③脚。IC1 对③脚输入的信号检测后，确保供电回路中的双向晶闸管或固态继电器内的双向晶闸管在市电过零点处导通，从而避免了双向晶闸管、固态继电器因初始导通电流过大而损坏。

（3）风扇转速控制

室内风扇电机的转速除了受用户操作的控制，还受室内盘管温度的控制。RT1 是室内热交换器温度传感器，简称室内盘管温度传感器或室内盘温传感器。RT1 是负温度系数热敏电阻，它安装在室内热交换器的盘管上，空调器利用它对室内热交换器的温度进行检测，实现制热状态下的防冷风控制。

制热初期，由于室内盘管温度较低，室内盘管传感器的阻值较大，5V 电压通过 RT1、R7 分压限流产生的电压较小，该电压通过 C3 滤波后加到微处理器 IC1 的④脚，IC1 将该电压与存储器存储的室内盘管温度/电压的数据比较后，使它的①脚无激励脉冲输出，IC2 不能为室内风扇电机供电，室内风扇电机不转；压缩机运行 2min 后，若室内盘管温度仍低于 30℃时，RT1 的阻值较大，5V 电压通过 RT2、R7 分压限流产生的电压较小，该电压通过 C3 滤波后加到微处理器 IC1 的④脚，IC1 将该电压与存储器存储的室内盘管温度/电压的数据比较后，使它的①脚输出的激励脉冲的占空比减小，IC2 为室内风扇电机提供的电压减小，室内风扇电机按低风速运行，再运行 3min 或室内内盘温度达到 43℃后，RT1 的阻值减小，使 IC1 的④脚输入的电压增大，被 IC1 识别后它控制室内风扇电机按设定风速运行，此后不再随盘管温度的降低而改变转速，但温度达到 55℃时，RT1 的阻值进一步减小，为 IC1 提供的电压进一步减小，IC1 控制风扇电机自动变为高速，温度降到 47℃后仍按设定风速运行。这样，不仅实现了防冷风控制，还实现了室内风扇电机转速自动的控制。

提 示

不同的空调器在制热期间，设置的检测温度有所不同，但相差不会太多。

（4）相位检测电路

为了确保室内风扇电机正常工作，还设置了室内风扇电机相位检测电路。该电路由微处理器、霍尔传感器和相关元件构成。霍尔传感器安装在风扇电机内。当风扇电机旋转后，使霍尔传感器输出端输出相位检测信号，即 PG 脉冲信号。该脉冲通过电阻 R3 限流，再经 C1 滤除高频杂波后，加到微处理器 IC1 的②脚。若电机不能正常旋转时，IC1 无正常的 PG 脉冲输入，IC1 会判断室内风扇电机异常，不再输出驱动信号，室内风扇电机停止，同时通过显示屏或指示灯输出故障代码，表示该机的室内风扇电机异常。

（5）典型故障

室内风扇电机典型的故障主要有：一是室内风扇电机不转；二是室内风扇电机始终运转；三是室内风扇电机的转速异常；四是运转噪声过大。

（6）故障检测

① 室内风扇电机不转

引起该故障的原因一是风扇电机没有供电；二是启动电容异常；三是电机异常。

首先，测室内风扇电机有无 220V 供电，若有供电，检查启动电容和电机；若没有供电，查供电系统。首先，测 IC1 的①脚有无驱动信号输出，若有，则检查固态继电器 IC2；若没有电压输出，检查 IC1 的③脚有无市电过零检测信号输入；若有，查 IC1；若没有，说明市电过零检测电路异常。检查该电路时，首先测整流堆 DB1 有无脉动直流电压输出；若没有，查变压器 T1 和 DB1；若有，则检查 R4、C2、VT1、R6。

提 示

若室内风扇电机有时运转正常，有时不能停转，除了要检查以上电路还要检查电机测速电路。

方法与技巧

若用导线短接 IC2 的双向晶闸管的引脚，直接为室内风扇电机供电后，若风扇电机能运转，说明 IC2 到 IC1 之间电路异常；若不能运转，说明风扇电机或其启动电容（运转电容）异常。

怀疑相位检测电路异常时，可在拨动风扇扇叶的同时，测 C1 两端应有变化的电压，否则说明 R2、R3、C1 或霍尔传感器异常。

② 室内风扇电机始终运转

引起该故障的原因就是固态继电器 IC2 内晶闸管的 A、K 极间击穿。用万用表电阻挡在路测量就可以确认。

③ 室内风扇电机运转噪声大

若室内风扇电机运转噪声大，有时引起该故障的原因一是风扇电机供电异常；二是电机异常。

测电机的供电正常时，则检修电机。

2. 电磁继电器供电方式

空调器室内风扇电机电磁继电器供电方式典型电路由微处理器 IC1、驱动电器 IC2、继电器 RL1～RL3 为核心构成，如图 7-20 所示。

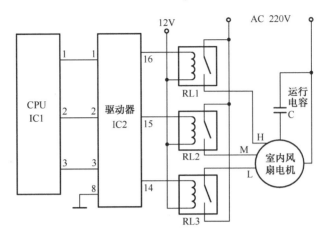

图 7-20　空调器室内风扇电机供电电路（二）

（1）工作原理

需要室内风扇电机工作在高风速时，微处理器 IC1 的①脚输出高电平控制信号、②脚和③脚输出的控制信号为低电平。②、③脚输出的低电平控制信号通过 IC2 内的非门倒相放大后，使继电器 RL2、RL3 的线圈没有导通电流，RL2、RL3 内的触点断开。而①脚输出的高电平控制信号通过 IC2 内的非门倒相放大后，为 RL1 的线圈提供驱动电流，RL1 内的触点闭合，使 220V 市电电压加到室内风扇电机的低速绕组 H 上，室内风扇电机高速运转。需要室内风扇电机工作在中风速时，IC1 的①、③脚输出低电平控制信号，②脚输出高电平控制信号，使继电器 RL2 的触点闭合，为电机的 M 端子供电，室内电机中速运转。同样，若需要室内风扇电机工作在低风速时，IC1 的①、②脚输出低电平控制信号，③脚输出高电平控制信号，使 RL3 的触点闭合，为电机 L 端子供电，使室内电机低速运转。

 提示

　　由于图 7-20 所示的电路调速是通过控制风扇电机的供电端子的电压有无来实现调速的，不需要风扇电机测速电路，并且也没有必要设置市电过零检测电路。

（2）典型故障

该电路异常会产生风扇电机始终不转、某种风速时电机不转或通电后风扇就转的故障。

（3）故障检测

① 风扇电机始终不转

该故障主要是由于启动电容（运行电容）或风扇电机异常所致。

② 某种风速时风扇不转

若风扇电机在某种风速下不能运转，说明风扇电机在该风速模式下没有供电或电机的接线端子异常。下面以没有中风速为例进行介绍。

在中风速模式下不能中速运转时，首先，测风扇电机中速供电端子 M 有无电压，若有，检查电机的中速供电端子或引线是否开路；若没有供电，将风速模式置于中风速时，听继电器 RL2 的触点有无闭合声，若有，检查 RL2 及市电供电系统；若没有，测 IC2 的⑮脚电位是否为低电平，若是，维修或更换 RL2；若⑮脚电位为高电平，测 IC1 的②脚有无高电平控制信号输出，若没有，查 IC1；若有，查 IC2。

📖 **方法与技巧**

若用导线短接继电器 RL2 触点端子的引脚，直接为风扇电机供电后，若它能运转，说明 RL2 到 IC1 之间电路异常；若不能运转，说明风扇电机或其启动电容（运转电容）、过热保护器异常。

💡 **提 示**

若空调器发生室外风扇电机不能高速运转或低速运转故障时，检修方法和不能高速运转故障相同，仅对应的元器件不同。

③ 通电后室内风扇就转

通电后，室内风扇就运转，说明风扇电机供电电路异常。下面以通电后风扇电机就高速运转为例进行介绍。

检修通电后室内风扇电机就高速运转的故障时，首先，测 IC2 的⑯脚电位是否为高电平，若是，说明继电器 RL2 内的触点粘连，维修或更换 RL2；为低电平，测 IC1 的①脚有无高电平控制信号输出，若有，查 IC1；若没有，说明 IC2 内的非门击穿，更换 IC2。

💡 **提 示**

若空调器发生室内风扇电机在通电后就中速运转或低速运转故障时，检修方法和不能高速运转故障相同。

知识6 导风电机、室外风扇电机供电电路

图 7-21 是一种典型的空调器室内导风电机、室外风扇电机供电控制电路。该电路由微处理器 IC1、驱动块 IC2 和继电器 RL1 为核心构成。

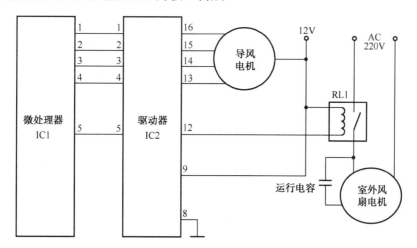

图 7-21 空调器室内导风电机、室外风扇电机供电控制电路

1. 导风电机供电电路

（1）控制过程

由于导风电机（摆风电机）采用的是步进电机，所以它的运转需要通过 4 路驱动信号来完成。微处理器 IC1 的①～④脚输出的激励脉冲通过 IC2 的①～④脚内部的 4 个非门倒相放大后，就可以驱动导风电机运转，控制风扇摆动，将室内机风扇吹出的风导向室内。

> **提示**
> 导风电机只有在室内风扇电机运转时才能旋转。

（2）典型故障

步进电机或驱动块 IC2 异常会产生导风电机不转或运转异常的故障。

（3）故障检测

通过检测 IC1 的①～④脚输出的脉冲激励信号是否正常，若正常，说明 IC2 或电机异常；若不正常，说明 IC1 异常。若 IC2 的⑬～⑯脚输出的激励脉冲正常，说明导风电机异常，否则说明 IC2 异常。

当然，维修时也可以采用电阻测量法和代换法判断步进电机和驱动块 IC2 是否正常。

 2. 室外风扇电机供电电路

普通空调器的室外风扇电机供电电路多采用继电器供电方式，典型的电路如图 7-21 所示，由微处理器 IC1、驱动块 IC2 和继电器 RL1 为核心构成。

当 IC1 的⑤脚输出的高电平控制信号通过 IC2 内的非门倒相放大后，为 RL1 的线圈提供驱动电流，RL1 内的触点闭合，为室外风扇电机提供 220V 市电电压，室外风扇电机运转。

另外，部分空调器的室外风扇电机也采用固态继电器供电，工作原理和室内风扇电机采用固态继电器供电方式相同。

知识 7　压缩机电机、四通阀、电加热器供电电路

空调器典型的压缩机电机、四通阀、电加热器电路如图 7-22 所示。

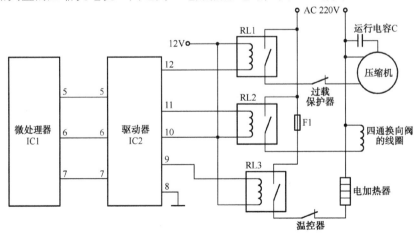

图 7-22　空调器典型的压缩机电机、四通阀、电加热器电路

1. 室外风扇电机电路

制冷/制热期间，需要压缩机运转时，微处理器 IC1 的⑤脚输出高电平控制信号，经驱动块 IC2（⑤）、⑫脚内的非门倒相放大后，为继电器 RL1 的线圈提供导通电流，RL1 内的触点闭合，接通压缩机电机的供电回路，室外风扇电机在运行电容（启动电容）的配合下开始旋转，实现压缩机供电控制。

该电路异常会产生压缩机电机不转或通电后压缩机电机就运转的故障。

风扇不转的故障原因：一是继电器 RL1 及其驱动电路异常；二是压缩机电机的运行电容（启动电容）C 异常；三是过载保护器异常；四是压缩机电机异常。

首先，听压缩机电机能否发出"嗡嗡"的声音，若能，多为运行电容 C 容量不足或压缩机卡缸所致；若不能，听 RL1 能否发出触点闭合的声音，若能，说明过载保护器或线路异常；若不能发出闭合声，说明 RL1 或其驱动电路异常。此时，测 RL1 的线圈两端有无约 12V 的供电电压，若有，更换 RL1；若没有，测 IC2 的⑤脚有无 5V 电压输入，若有，检查 IC2 及线路；若没有，检查 IC1 及线路。

通电后压缩机电机就运转的故障原因：该故障说明 RL1 的触点粘连或驱动电路异常。首先，测继电器 RL1 的线圈两端有无 12V 电压，若没有，说明 RL1 内的触点粘连，维修或更换 RL1；若有电压，测 IC2 的⑤脚有无高电平控制信号输入，若有，查 IC1；若没有，说明 IC2 内的非门击穿，更换 IC2。

2. 四通阀（四通换向阀）线圈电路

空调器典型的四通阀电路以室外机微处理器 IC1、继电器 RL2、四通阀为核心构成，如图 7-22 所示。

制冷期间，微处理器 IC1 的⑥脚输出的信号为低电平，它经驱动器 IC2 的⑥、⑪脚内的非门倒相放大后，不能为继电器 RL2 的线圈提供导通电流，于是 RL2 内的触点不能闭合，四通阀的线圈无供电，它内部的阀芯不动作，使室内热交换器作为蒸发器，室外热交换器作为冷凝器，于是空调器工作在制冷状态。

制热期间，IC1 的⑥脚输出的信号为高电平，它经 IC2 的⑥、⑪脚内的非门倒相放大后，使 IC2 的⑪脚电位为低电平，RL2 的线圈有电流流过，RL2 内的触点闭合，为四通换向阀的线圈供电，它内部的阀芯动作，改变制冷剂的流向，使室内热交换器作为冷凝器，室外热交换器作为蒸发器，于是空调器工作在制热状态。

（1）典型故障

该电路异常后一是会产生不能制冷、能制热故障；二是可以制热，但不能制冷；三是制热/制冷效果差。

（2）故障检测

不能制热的故障原因：一是继电器 RL2 及其驱动电路异常；二是电磁阀异常。首先，听 RL2 能否发出触点闭合的声音，若能，说明触点所接线路异常；若不能发出闭合声，说明 RL2 或其驱动电路异常。此时，测 RL2 的线圈两端有无约 12V 的供电电压，若有，更换 RL2；若没有，测 IC2 的⑥脚有无 5V 电压输入，若有，检查 IC2 及线路；若没有，检查 IC1 及线路。

不能制冷的原因：该故障说明是 RL2 的触点粘连或驱动电路异常。首先，测继电器 RL2 的线圈两端有无 12V 电压，若没有，说明 RL2 内的触点粘连，维修或更换 RL2；若有电压，测 IC2 的⑥脚有无高电平控制信号输入，若有，查 IC1；若没有，说明 IC2 内的非门击穿，更换 IC2。

制热/制冷效果差：该故障说明是电磁阀内部的阀芯异常，不能很好的切换管路，发生漏气所致。电磁阀的检测方法在项目 4、项目 6 已作介绍。

3. 电加热电路

（1）加热控制

制冷期间，微处理器 IC1 的电加热器供电控制端⑦脚输出的信号为低电平，它经驱动器 IC2 的⑦、⑩脚内的非门倒相放大后，不能为继电器 RL3 的线圈提供导通电流，于是 RL3 内的触点不能闭合，电加热器无供电，不能加热。

制热期间，IC1 的⑦脚输出的信号为高电平，它经 IC2 的⑦、⑩脚内的非门倒相放大后，使 IC2 的⑩脚电位为低电平，RL3 的线圈有电流流过，RL3 内的触点闭合，为电加热器供电，它开始发热，对进入室内机的空气进行加热，提高了空调器的制热能力。

（2）加热温度控制

随着电加热器加热的不断进行，加热温度逐步升高，当温度升高到设置值，被室内盘管温度传感器检测后，通过阻抗信号/电压信号电路变换后，提供给微处理器 IC1 进行识别，IC1 通过检测该电压确认加热温度达到要求后，它的⑦脚输出低电平信号，使 RL3 的触点断开，切断电加热器的供电回路，电加热器停止加热。

（3）过热保护电路

过热保护电路由温控器和温度型熔断器 F1 构成。当继电器 RL3 的触点粘连或它的驱动电路异常，始终为电加热器供电，导致电加热器加热温度升高并达到温控器的设置值后，它的触点断开，切断电加热器的供电回路，电加热器停止加热，实现过热保护。当温度下降后，温控器的触点会再次闭合。但故障未排除时，温控器会再次动作，直至故障排除。

若温控器的触点粘连，使加热温度继续升高，达到温度熔断器 F1 的标称温度值后 F1 过热熔断，切断电加热器的供电回路，彻底避免了电加热器和其他部件过热损坏，实现过热保护。

（4）典型故障检修

该电路异常会产生电加热器不能加热时，会产生制热效果差的故障。该故障的原因一是继电器 RL3 及其驱动电路异常；二是电加热器开路；三是温度熔断器 F1 熔断；四是温控器的触点开路。

首先，测电加热器有无供电，若有，说明电加热器开路；若没有，说明供电电路、温控器或保护电路异常。此时，检查熔断器 F1 和温控器是否正常。若温控器的触点开路，更换即可；若 F1 和温控器正常，说明供电电路异常。此时，测 RL3 的线圈两端有无约 12V 的供电电压，若有，更换 RL3；若没有，测 IC2 的⑦脚有无 5V 电压输入，若有，检查 IC2 及线路；若没有，检查 IC1 及线路。若 F1 熔断，测继电器 RL3 的线圈两端有无 12V 电压，若没有，说明温控器或 RL3 内的触点粘连；若它们正常，说明 F1 是误熔断；若 RL3 的线圈有电压，测 IC2 的⑦脚有无高电平控制信号输入，若有，查 IC1；若没有，说明 IC2 内的非门击穿，更换 IC2 和保护元件即可。

知识 8　保护电路

保护电路通常包括室内盘管温度异常、室外盘管温度异常保护、市电异常保护、压缩机过流保护、传感器异常保护等保护电路。空调器典型的保护电路如图 7-23 所示。

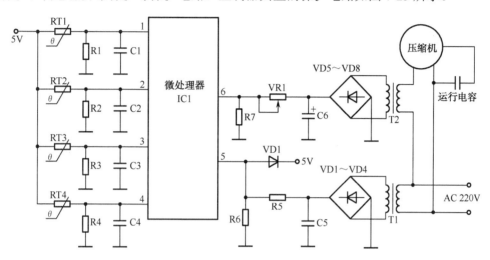

图 7-23　空调器典型的保护电路

1. 室内盘管温度异常保护电路

（1）工作原理

室内盘管温度异常保护是由室内盘管温度传感器RT1和微处理器来完成的。制冷状态下，若室内风扇转速慢或室内空气过滤器脏，使室内热交换器无法吸收足够的热量，它内部的制冷剂不能汽化，可能会导致压缩机因液击而损坏，所以需要设置防冻结保护。当室内热盘管温度低于−1℃且持续 3min，被 RT1 检测后，再为 IC1 提供室内盘管冻结的电压值，于是 IC1控制空调器进入室内盘管防冻结保护状态。

在制热状态下，室内热交换器温度过高会损坏室内机内的塑料部件，所以需要设置过热保护功能。当室内热盘管温度高于 53℃且持续 10s，被 RT1 检测后，再为 IC1 提供室内盘管过热的电压值，于是 IC1 控制空调器进入室外盘管过热保护状态。

> 提示
>
> 部分空调器的制冷剂泄漏后，在压缩机运转 25min 后，室内盘管传感器为单片机提供的室内盘管温度低于室内温度小于 5℃，被单片机识别后，单片机控制空调器进入制冷剂不足的保护状态。

（2）典型故障检修

该电路异常会产生空调器不能工作，并且通过显示屏或指示灯显示室内盘管冻结或过热的故障代码。

对于该故障首先检查室内盘管温度是否正常，若温度不正常，检查制冷系统、室内通风系统；若温度正常，检查 IC1 的①脚输入的电压是否正常，若正常，检查 IC1；若电压不正常，检查 RT1、R1 和 C1。

2. 室外盘管温度异常保护

室外盘管温度异常保护由室外盘管传感器 RT2 和微处理器 IC1 完成。

（1）工作原理

制冷时，若室外风扇运转异常等原因使室外盘管温度过高，被 RT2 检测后，为 IC1 提供室外盘管过热的电压信号，则 IC1 输出控制信号使压缩机停转，实现室外盘管过热保护。

（2）典型故障检修

该电路异常会产生空调器不能工作，并且通过显示屏或指示灯显示室外盘管过热的故障代码。

对于该故障首先检查室外盘管温度是否正常，若温度不正常，检查制冷系统、室外通风系统；若温度正常，检查 IC1 的㉑脚输入的电压是否正常，若正常，检查 IC1；若电压不正常，检查 RT2、R2 和 C2。

3. 压缩机排气管过热保护

压缩机排气管过热保护由压缩机排气管温度传感器 RT3 和微处理器完成。

（1）工作原理

当系统内制冷剂不足、冷凝器散热效果差等原因引起压缩机排气温度过高，被 RT3 检测后，为 IC1 提供压缩机排气温度过高的电压信号后，则 IC1 输出控制信号使压缩机停转，实现压缩机排气管过热保护。

（2）典型故障检修

该电路异常会产生空调器不能工作，并且通过显示屏或指示灯显示压缩机排气管过热的故障代码。

对于该故障首先检查室内盘管温度是否正常，若温度不正常，检查制冷系统、室外通风系统、压缩机；若温度正常，检查 IC1 的③脚输入的电压是否正常，若正常，检查 IC3；若电压不正常，检查 RT3、R3 和 C3。

4. 传感器异常保护电路

部分空调器为了防止传感器异常导致空调器工作异常，设置了传感器异常保护电路。

（1）工作原理

当传感器或其阻抗信号/电压信号变换电路异常，为微处理器 IC1 提供的电压过高或过低，被 IC1 检测后，它输出控制信号使压缩机停转，实现传感器异常保护。

（2）典型故障检修

该电路异常会产生空调器不能工作，并且通过显示屏或指示灯显示传感器异常的故障代码。

通过故障代码确认哪个传感器异常，检查微处理器对应的输入端电压是否正常，若正常，检查微处理器；若电压不正常，检查传感器及其阻抗信号/电压信号变换电路。

5. 市电电压检测电路

部分空调器为了防止市电电压过高给电源电路、压缩机、风扇电机等器件带来危害，设置了市电电压检测电路。

（1）工作原理

典型的市电电压检测电路由微处理器 IC1、电压互感器 T1、整流管 VD1～VD4、电阻 R5、R6 等构成，如图 7-23 所示。

市电电压通过电压互感器 T1 检测后，输出与市电电压成正比的交流电压。该电压作为通过 VD1～VD4 桥式整流，C5 滤波产生直流电压，再通过 R5、R6 分压后，加到微处理器 IC1 的⑤脚。当⑤脚输入的电压过高或过低，IC1 判断市电过压或欠压，输出控制信号使该机停止工作，进入市电异常保护状态。

VD1 是钳位二极管，它的作用是防止 IC1 的⑤脚输入的电压超过 5.4V，以免市电电压升高等原因导致 IC1 过压损坏。

 提 示

部分空调器的市电检测电路中，还设置了电压比较器或运算放大器，所以电路要复杂一些。

（2）典型故障检修

该电路异常会产生空调器不能工作，并且通过显示屏或指示灯显示市电异常的故障代码。

对于该故障首先确认市电是否正常，若市电高，待市电恢复正常后再使用；若市电低，检查插座、电源线等供电系统；若市电正常，测微处理器 IC1 的⑤脚输入的电压是否正常，若正常，检查 IC1；若电压不正常，说明取样电压形成电路异常。当⑤脚电压高时，检查 R6；若⑤脚电压低，测 C5 两端电压是否正常，若正常，查 R5；若电压低，查 C5、VD1～VD4 和 T1。

 6. 压缩机运行电流检测电路

空调器为了防止压缩机过流损坏，设置了由压缩机运行电流检测电路。

（1）工作原理

典型的压缩机电流检测电路由电流互感器 T2、微处理器 IC1 为核心构成。压缩机的一根电源线穿过 T2 的磁芯，这样 T2 就可以对压缩机的工作电流进行检测，T2 次级绕组感应的电压经 VD5～VD8 桥式整流，再通过 C6 滤波后，就可获得与回路电流成正比的取样电压。该电压利用可调电阻 VR1 和 R7 分压后，加到微处理器 IC1 的⑥脚。当压缩机运行电流超过设定值后，使 T2 次级绕组输出的电流增大，经整流、滤波后使 C6 两端产生的取样电压升高，被 IC1 识别后，IC1 输出压缩机停转信号，使压缩机停止工作，以免压缩机过流损坏，实现过流保护的目的。

提 示

VR1 是用于调整过流保护阈值的电位器，调整它就可改变输入到 IC1 的⑥脚取样电压的大小。

（2）典型故障检修

该电路异常会产生空调器不能工作，并且通过显示屏或指示灯显示压缩机过流的故障代码。

对于该故障首先确认压缩机电流是否正常，若电流大，查制冷系统、通风系统等；若电流正常，测微处理器 IC1 的⑥脚输入的电压是否正常，若正常，检查 IC1；若电压不正常，说明取样电压形成电路异常。当⑥脚电压不正常，检查 VR1、R7 等器件。

知识 9　遥控发射电路

遥控器发射电路是由微处理器、时钟振荡电路、复位电路、发射电路、操作键电路、显示屏电路和电源电路构成。部分空调器遥控器还设置了温度控制电路。

▶ 1. 构成

图 7-24 给出的是一款典型的遥控器电路构成方框图。

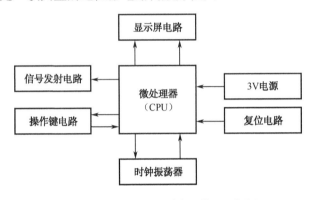

图 7-24　空调器典型遥控器构成方框图

▶ 2. 工作原理

（1）基本工作条件

遥控器的 3V 电源是由两节 5 号或 7 号的 1.5V 电池串联后产生的。遥控器内的复位电路、时钟振荡器和空调器控制系统的复位电路、时钟振荡器的工作原理相同，不再介绍。但是，现在许多新型遥控器内采用了两个振荡器，其中低频率振荡器产生的时钟信号主要用于显示屏，而高频率振荡器产生的时钟信号经分频后用于产生载频信号。

（2）操作键电路

遥控器内的操作键电路通常采用键矩阵电路。由 CPU 为键矩阵电路提供不同相位的键扫描脉冲，当被操作的按键被按下后，CPU 的操作键输入端就会得到键控脉冲，被 CPU 识别、处理后，输出控制信号。

（3）显示屏电路

显示屏电路是对遥控器的工作状态进行显示。空调器遥控器的显示屏采用液晶显示屏。

（4）红外信号发射电路

红外信号发射电路由放大器和红外发射管两部分构成。放大电路将 CPU 输出的信号进行放大，再通过红外发射管发射出去。

▶ 3. 典型故障检修

该电路异常后有两种故障现象：第一种是不能遥控，使空调器不能工作；第二种是遥控距离短；第三种是部分按键失效。

出现不能遥控故障时，按操作键时，若显示屏不亮，则说明遥控器内电池无电或遥控器未工作。首先要询问用户，该遥控器是否被摔过，若是，应检查遥控器电路板上有无引脚脱焊的元件，若有，补焊后多可排除故障，否则用正品的晶振代换原晶振；若不能排除故障，则代换检查红外发射管是否正常，若正常，检查复位电路和微处理器。

出现遥控距离短的故障时，首先要更换电池，若无效，则代换检查红外发射管，若仍然无效，则多为电脑板上的红外接收电路异常。

出现部分按键失效的故障时，首先要用酒精擦拭导电橡胶和线路板上的接点，若无效，则用镊子等金属短接电路板上的接点，若功能恢复，说明导电橡胶老化，更换导电橡胶后则可排除故障；若功能依旧，则说明芯片异常，需要更换芯片或遥控器。

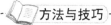 **方法与技巧**

若不能确认不能遥控的故障是由于遥控器异常所致，还是电脑板上的接收电路异常所致，可拿着遥控器去电子元件经销部用遥控器测试仪进行检测，也可以用正常的遥控器对空调器进行控制，若控制功能正常，则说明遥控器损坏，否则说明接收电路异常。

任务5　电脑板典型元器件检测与更换

技能1　温度传感器的检测

下面以室内温度传感器、室内盘管温度传感器、室外温度传感器为例介绍负温度系数热敏电阻的测量方法。

 **1. 室温传感器**

调室内环境温度传感器的测量：室温状态下，用200k挡测量的该传感器的阻值为20.4kΩ，确认室温状态下的阻值正常后，将其放入盛有热水的玻璃杯内为它加热，再测量它的阻值迅速减小为 7.12kΩ，如图 7-25 所示。若室温下阻值过大或过小，并且加热后阻值不能正常减小，则说明它已损坏。

　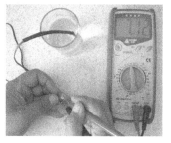

　　（a）室温下测量　　　　　　　　　　（b）加热后测量

图 7-25　空调器室内环境温度传感器的非在路测量

> **提 示**
>
> 不同品牌的空调器室内温度传感器采用的负温度系数热敏电阻的阻值可能有所不同，使用中要加以区别。

2. 室内盘管传感器

空调室内盘管温度传感器的测量：室温状态下，用 20k 电阻挡测量的该传感器的阻值为 7.3kΩ，确认室温状态下的阻值正常后，将其放入盛有热水的玻璃杯内为它加热，再测量它的阻值迅速减小为 5.1k，如图 7-26 所示。若室温下阻值过大或过小，并且加热后阻值不能正常减小，则说明它损坏。

 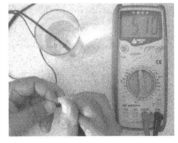

（a）室温下测量　　　　　　　　　　　（b）加热后测量

图 7-26　空调器室内盘管温度传感器的非在路测量

> **提 示**
>
> 不同品牌的空调器室内盘管温度传感器采用的负温度系数热敏电阻的阻值可能有所不同，使用中要加以区别。

3. 室外盘管传感器

空调室外盘管温度传感器的测量：室温状态下，用 R×1k 挡测量的该传感器的阻值为 50kΩ，如图 7-27（a）所示；确认室温状态下的阻值正常后，将其放入盛有热水的玻璃杯内为它加热，再测量它的阻值迅速减小为 27kΩ，如图 7-27（b）所示。若室温下阻值过大或过小，并且加热后阻值不能正常减小，则说明它已损坏。

 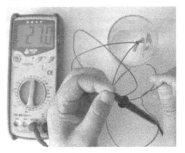

（a）室温下测量　　　　　　　　　　　（b）加热后测量

图 7-27　空调器室外盘管温度传感器的非在路测量

> **提 示**
>
> 不同品牌的空调器室外盘管温度传感器采用的负温度系数热敏电阻的阻值可能有所不同，使用中要加以区别。

技能 2　双向晶闸管的测量

采用指针万用表对双向晶闸管的引脚进行识别或对其的好坏进行检测时，先将指针型万用表置于 R×1Ω 挡，任意测双向晶闸管两个引脚的阻值，当一组的阻值为 30Ω 左右时，说明这两个引脚的特性为 G 极和 T1 极，剩下的引脚为 T2 极，如图 7-28（a）所示；随后，假设 T1 和 G 极中的任意一脚为 T1，将黑表笔接 T1，红表笔接 T2 极，此时的阻值为无穷大，说明晶闸管截止，如图 7-28（b）所示；用表笔瞬间短接 T2 极、G 极，为 G 极提供触发电压，如果阻值由无穷大变为 28Ω 左右，说明晶闸管被触发导通并维持导通，如图 7-28（c）、图 7-28（d）所示。调换表笔重复上述操作，结果相同时，说明假定正确。若调换表笔操作时，阻值仅能在短时间内为几十欧姆，随后增大，则说明晶闸管不能维持导通，假定的 G 极实际为 T1 极，而假定的 T1 极为 G 极；若被测管不能触发导通，说明触发电流小或被测管异常。

（a）T1 极、G 极间阻值

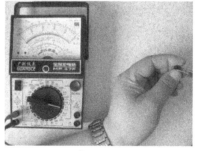

（b）T2 极、T1 极间阻值

（c）触发

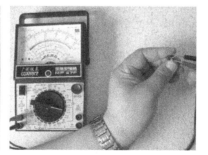

（d）导通后的 T1 极、T2 极间阻值

图 7-28　双向晶闸管好坏及触发能力的测量

技能 3　光电耦合器的测量

光电耦合器又称光耦合器或光耦，它属于较新型的电子产品，已经广泛应用在彩色电视

机、彩色显示器、计算机、音视频等各种控制电路中。常见的光电耦合器有 4 脚直插和 6 脚两种，典型实物和电路符号如图 7-29 所示。

（a）光电耦合器实物　　　　　　　　　　　　　　　　（b）电路符号

图 7-29　光电耦合器

光电耦合器通常由一只发光二极管和一只光敏三极管构成。当发光二极管流过导通电流后开始发光，光敏三极管受到光照后导通，这样通过控制发光二极管导通电流的大小，改变其发光的强弱就可以控制光敏三极管的导通程度，所以它属于一种具有隔离传输性能的器件。

▶ 1. 引脚的判别

用万用表 R×1k 挡测量，当出现图 7-30（a）所示的 20k 左右阻值时，说明黑表笔接的引脚是发光二极管的正极，红表笔接的是发光二极管的负极；调换表笔，测它的反向电阻值应为无穷大，如图 7-30（b）所示。而光敏三极管 ce 结的正、反向电阻值都应为无穷大，如图 7-30（c）所示。若发光二极管的正向电阻大，说明导通电阻大；若发光二极管的反向电阻或光敏三极管的 ce 结电阻小，说明发光二极管或光敏三极管漏电。

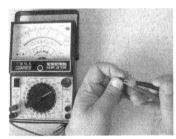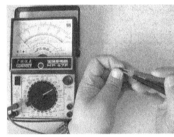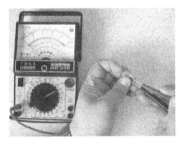

（a）发光二极管正向电阻　　　　　（b）发光二极管反向电阻　　　　　（c）光敏三极管 ce 结正、反向电阻

图 7-30　光电耦合器的引脚判别

▶ 2. 光电效应的检测

检测光电耦合器的光电效应时需要采用两块指针型万用表或指针万用表、数字万用表各一块，测试方法如图 7-31 所示。

将数字万用表置于二极管挡，表笔接在光敏三极管的 c 极、e 极上，再将指针万用表置于 R×1 挡，黑表笔接发光二极管的正极、红表笔接发光二极管的负极，此时数字万用表显示屏显示的导通压降值为 0.093，表笔不动，将指针万用表置于 R×10 挡后，导通压降值增大为 0.174。这说明，增大指针万用表的挡位，使流过发光二极管的电流减小后，光敏三极管的导通程度可以减弱，也就可以说明被测试的光电耦合器 PC123 的光电效应正常。

（a）R×1挡检测

（b）R×10挡检测

图7-31 万用表检测光电耦合器的光电效应

> **提 示**
>
> 在使用 R×1、R×10 挡为发光二极管提供电流时，光敏三极管的导通程度与万用表内的电池容量成正比，也就是指针万用表的电池容量下降后，会导致数字万用表检测的数值增大。

若手头没有指针万用表，不能检测它的光敏性能时，可以采用代换法判断。

技能4 必用备件

维修空调器电路板时，一些像脱焊、接插件接触不良的简单故障比较容易判断并修复，但对一些由电阻、电容、晶体管、集成电路等电子元器件损坏引发的故障，需要代换或更换后才能排除故障，所以要对常用的元件和易损元件有一定数量的备份，这样不仅可以节省检修时间，而且便于一些故障的诊断。但所准备的元器件一定要保证质量，否则可能会使维修工作误入歧途。准备备件时可按使用率的高低来准备，对于常用的元器件（如熔断器、电容、电阻、晶体管、电位器等易损件）可多备，而蜂鸣器、晶振、电机等不常用使用的元件可少备，并在日常维修中多积累经验，掌握哪些元器件和集成电路是通用的，以便维修时代用。

技能5 电子元器件的更换

1. 电阻、电容的更换

由于电阻、电容、二极管的引脚仅有两个，而三极管的引脚多为三个，通常采用直接拆卸的方法，即一只手持电烙铁对需要拆卸元件的一个引脚进行加热，用另一只手向一侧掰元件，就可以拔出该脚，然后再拆卸余下的引脚即可，如图7-32所示。

焊接时，将焊孔内的焊锡清除干净，将需要更换的电阻、电容的引脚插装好，用不漏电的电烙铁迅速焊接好引脚。若引脚过长，用斜嘴钳剪断即可。

图 7-32　直接拆卸电容示意图

2. 集成电路的更换

（1）拆卸

目前，拆卸集成电路通常有 3 种方法：第一种是吸锡法；第二种是悬空法；第三种是热风枪拆卸法。

① 吸锡法

吸锡法可用吸锡器和吸锡绳（类似屏蔽线）将集成电路引脚吸掉，以便于拆卸集成电路。

吸锡器拆卸集成电路示意图见图 7-33，采用吸锡器吸锡时，先用 30W 电烙铁将集成电路引脚上的焊锡熔化，再用吸锡器将锡吸掉，随后用镊子或一字改锥从集成电路的一侧插入到它的底部，再向上翘就可以将集成电路从电路板上取下。

（a）吸锡　　　　　　　　　　　　　　　（b）取出

图 7-33　吸锡器拆卸集成电路示意图

> **注意**
>
> 撬集成电路时，若有的引脚不能被顺利"拔"出，说明该引脚上的焊锡没有完全被吸净，需要吸净后再翘，以免损坏引脚。

② 悬空法

悬空法拆卸集成电路示意图见图 7-34，采用悬空法吸锡时，先用 30W 电烙铁将集成电路引脚上的锡熔化，随用 9 号针头或专用的套管插到集成电路的引脚上并旋转，将集成电路的引脚与焊锡和线路板悬空，随后用镊子或"一"字螺丝刀（改锥）将集成电路取下。采用该方法时也可以先将针头插到集成电路引脚上，再用电烙铁将焊锡熔化。

③ 热风枪拆卸法

热风枪拆卸法主要是用于拆卸扁平焊接方式的元器件，采用热风枪拆卸时，使用热风枪应注意的事项如下。

一是根据所焊元件的大小，选择不同的喷嘴。

二是正确调节温度和风力调节旋钮，使温度和风力适当。如吹焊电阻、电容、晶体管等小元件时温度一般调到 2～3 挡，风速调到 1～2 挡；吹焊集成电路时，温度一般调到 3～5 挡，风速调到 2～3 挡。但由于热风枪品牌众多，拆焊的元器件耐热情况也各不相同，所以热风枪的温度和风速的调节可根据个人的习惯，并视具体情况而定。

三是将喷嘴对准所拆元件，等焊锡熔化后再用镊子取下元件，如图 7-35 所示。

图 7-34 针头拆卸集成电路示意图

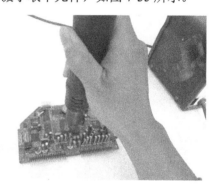

图 7-35 用热风枪拆卸扁平式集成电路

（2）安装

更换直插式集成电路时，将焊孔内的焊锡清除干净，将集成电路插装好，用不漏电的电烙铁迅速焊接好各引脚。而更换扁平式集成电路时，需要将引脚间的焊锡清理干净，并且焊接时首先焊接四角的引脚，将其固定后，再焊接中间的引脚。

> **！注意**
>
> 安装集成电路时不能搞错引脚方向。焊接时的速度要快，以免因焊接时间过长，引起集成电路过热损坏，并且更换后需要待温度降到一定后才能通电，以免导致集成电路过热损坏。

任务 6 长虹 KF（R）–25（30/34）GW/WCS 型空调电脑板故障检修

长虹 KF（R）-25（30/34）GW/WCS 型空调的电脑板由电源电路、微处理器电路、制冷/制热控制电路、风扇调速电路、保护电路等构成，如图 7-36 所示。

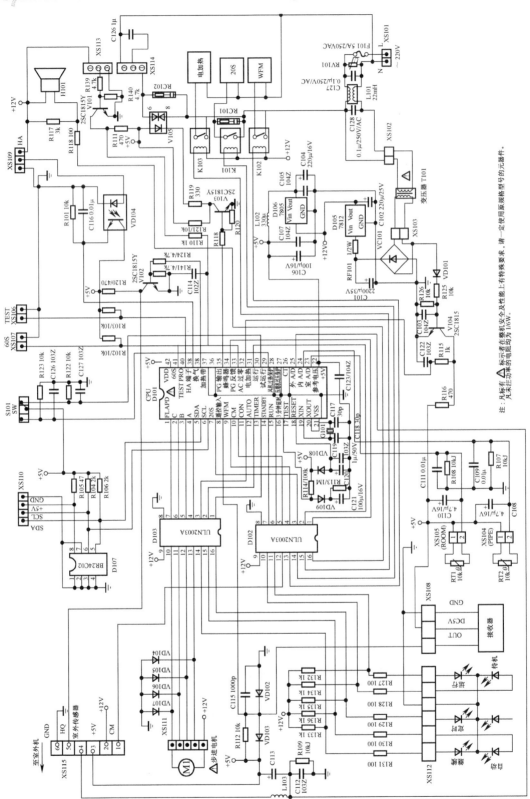

图7-36 长虹KF（R）-25（30/34）GW/WCS型空调的电脑板电路

知识1　电源电路

该机的电源电路采用变压器降压式直流稳压电源电路。主要由变压器 T101、稳压器 D105、D106 为核心构成。

插好空调器的电源线后，220V 市电电压经连接器 XS101 进入电脑板，通过熔断器 F101 加到由 C127、L101、C128 组成的线路滤波器对市电电网中的高频干扰脉冲进行滤波，同时还可防止电脑板工作后产生的干扰脉冲进入电网，影响其他用电设备正常工作。

市电输入回路并联的 RV101 是压敏电阻，市电电压正常时 RV101 相当于开路；当市电电压过高时它击穿短路，使 F101 过流熔断，切断市电输入回路，避免了电源电路的元件过压损坏。

经滤波后的市电电压不仅通过电磁继电器和固态继电器为其负载供电，而且通过变压器 T101 降压输出 15V 左右（与市电电压高低成正比）的交流电压。该电压一路送到市电过零检测电路；另一路通过桥式整流器 VC101 整流和滤波电容 C101 滤波产生 22V 左右的直流电压。该电压通过保险电阻 RF101 限流，再经三端稳压器 D105（7812）稳压输出 12V 直流电压。12V 电压不仅为电磁继电器、步进电机和驱动块 D102、D103 供电，而且利用三端稳压器 D106（7805）稳压输出 5V 电压，通过滤波电容 C104～C107 和电感 L102 组成的π形滤波器滤波后，为 CPU 和相关电路供电。

知识2　市电过零检测电路

市电过零检测电路由放大管 V104、电阻 R115 和滤波电容 C122 等组成。由电源变压器 T101 二次绕组输出的交流电压通过 VD101 半波整流，再经 R125、R126 限流，C103 滤除高频干扰脉冲后，通过 V104 倒相放大，产生 100Hz 交流检测信号，即同步控制信号。该信号经 R115 限流，C122 滤波后，作为基准信号通过加到微处理器 D101 的㉜脚。D101 对㉜脚输入的信号检测后，确保室内风扇电机供电回路中的固态继电器 V105 在市电的过零点处导通，以免 V105 内的双向晶闸管在导通瞬间可能过流损坏，实现同步控制。

知识3　微处理器电路

该机的微处理器电路以微处理器 D101 为核心构成。D101 的引脚功能如表 7-1 所示。

表 7-1　微处理器 D101 的引脚功能

脚　位	脚　名	功　能	脚　位	脚　名	功　能
1	FLAPD	步进电机驱动信号输出	22	+5V	参考电压
2	C	步进电机驱动信号输出	23	室 A/D	室内环境温度检测信号输入
3	B	步进电机驱动信号输出	24	内 A/D	室内盘管温度检测信号输入
4	A	步进电机驱动信号输出	25	外 A/D	室外盘管温度检测信号输入

续表

脚 位	脚 名	功 能	脚 位	脚 名	功 能
5	SDA	I²C 总线数据信号输入/输出	26	CT	压缩机过流保护信号输入（未用，悬空）
6	SCL	I²C 总线时钟信号输出	27	压缩机过压保护	压缩机过压保护信号输入（未用，悬空）
7	20S	四通换向阀切换控制信号输出	28	风机过热保护	风扇电机过热保护信号输入（未用，悬空）
8	遥控输入	遥控信号输入	29	试运行	试运行控制信号输入
9	WFM	室内机风扇供电控制信号输出	30	运行	运行控制信号输入
10	CM	压缩机供电控制信号输出	31	电加热	电加热器供电控制信号输出
11	CON	空清指示灯控制信号输出	32	AC 过零	市电过零检测信号输入
12	AUTO	自动控制指示灯控制信号输出	33	PG 反馈	室内风扇电机相位检测信号输入
13	TMIER	定时指示灯控制信号输出	34	蜂鸣器	蜂鸣器驱动信号输出
14	STANDBY	待机指示灯控制信号输出	35	PG 输出	室内风扇电机驱动信号输出
15	RUN	运行指示灯控制信号输出	36	接地	接地
16	3min 延时	压缩机 3min 延迟控制	37	加热带	未用，接地
17	TEST	测试（接地）	38	换气	换新风控制信号输出
18	RESET	复位信号输入	39	HA 端子	强行开/关机信号输入
19	XIN	时钟振荡输入	40	TEST PRO	测试保护信号输入
20	XOUT	时钟振荡输出	41	60S	自检信号输入。通电后，低电平期间 CPU 进行自检
21	VSS	接地	42	VDD	+5V 电源

1. 基本工作条件电路

CPU 正常工作需具备 5V 供电、复位、时钟振荡正常的 3 个基本条件。

（1）5V 供电

插好空调器的电源线，待电源电路工作后，由它输出的 5V 电压加到微处理器 D101 的供电端㊷脚，为 D101 供电。同时还加到存储器 D107 的⑧脚，为 D107 供电。

（2）复位

该机的复位信号形成由微处理器 D101 的⑱脚内外电路实现。开机瞬间，由于定时电容 C120 需要充电，使 D101 的⑱脚电位逐渐升高。当该电压低于设置值（多为 3.6V）时，D101 内的存储器、寄存器等电路清零复位。随着 C120 两端电压升高到 4.5V 后，D101 内部电路复位结束，开始工作。

（3）时钟振荡

D101 工作后，它内部的振荡器与⑲、⑳脚外接的晶振 G101 及移相电容 C117 和 C118 通过振荡产生 4MHz 的时钟信号。该信号经分频后协调各部位的工作，并作为 D101 输出各种控制信号的基准脉冲源。

2. 功能操作控制

连接器 XS108 所接的接收器组件是遥控接收器。用遥控器对该机进行温度调节等操作时，遥控接收电路将红外信号进行解码、放大后，从它的 OUT 端输出。该信号经 C115 滤波加到微处理器 D101 的⑧脚，被 D101 处理后，控制相关电路进入用户所调节的状态。

微处理器 D101 通过 I²C 总线将调整后的数据存储在存储器 D107 内部。

3. 指示灯控制

微处理器 D101 的⑪~⑮脚内电路、驱动块 ULN2003A（D102、D103）和连接器 XS112 所接的 5 只发光管构成指示灯电路。

（1）空清灯、自动灯、定时灯控制

空清灯（CONTINUE）、自动灯（AUTO）、定时灯（TIMER）是否点亮受驱动块 D103 的⑭、⑮、⑯脚电位控制，而 D103 又受微处理器 D101 的⑪、⑫、⑬脚输出的信号控制。由于 3 路指示灯控制相同，下面以定时灯为例进行介绍。

通过遥控器将空调器设置在定时状态时，D101 不仅控制空调器工作在定时状态，而且通过⑬脚输出低电平信号，该信号通过 D103 的①、⑯脚内的倒相放大器放大后，使 D103 的⑯脚电位为高电平，于是定时灯被点亮，提醒用户该机进入定时状态。反之，若 D101⑬脚输出的控制信号为高电平时，D103 的⑯脚为低电平，定时灯熄灭，表明定时状态解除。

（2）运行灯、待机灯控制

运行灯（RUN）、待机灯（STANDBY）是否点亮由 D101⑭、⑮脚输出的信号，经驱动块 D102⑩、⑪脚内的非门倒相放大后进行控制。

4. 蜂鸣器控制

蜂鸣器控制电路由微处理器 D101、驱动器 D102、蜂鸣器 H101 构成。

每当进行遥控操作时，D101㉞脚输出的脉冲信号加到 D102①脚，经 D102 内的非门倒相放大后，再经 R118 限流，驱动蜂鸣器 H101 鸣叫，表明操作信号被 D101 接收。

知识4 室内风扇电机电路

1. 驱动电路

室内风扇电机电路由微处理器 D101、放大管 V103、固态继电器 V105 和相关元件构成。

制冷、制热期间，微处理器 D101㉟脚输出的驱动脉冲信号通过 R118、R120 分压限流，再经 V103 倒相放大，为固态继电器 V105 内的发光二极管供电，发光二极管开始发光，使双向晶闸管导通，为室内风扇电机供电，室内风扇电机在运行电容 C126 的配合下开始旋转。

2. 相位检测电路

当风扇电机旋转后，电机内部的霍尔传感器输出端输出相位检测信号，即 PG 脉冲信号。该脉冲通过连接器 XS113 的③脚进入电路板，再经 R139、R140 分压限流，再经 V101 倒相放大，利用 R110 限流，C114 滤除高频杂波后，加到微处理器 D101 的㉝脚。若电机不能正常旋转时，D101 无正常的 PG 脉冲输入，D101 会判断室内风扇电机异常，输出控制信号使该机进入保护性停机状态，同时通过定时指示灯输出故障代码，表示该机的室内风扇电机异常。

3. 转速控制电路

室内风扇电机的速度调整有手动调节和自动调节两种方式。

（1）手动调节

当用户通过遥控器降低风速时，遥控器发出的信号被微处理器 D101 识别后，使其㉟脚输出的控制信号的占空比减小，通过 V103 倒相放大，为固态继电器 V105 内的发光二极管提供的导通电流减小，发光二极管发光减弱，致使双向晶闸管导通程度减小，为室内风扇电机提供的电压减小，室内风扇电机转速下降。反之，控制过程相反。

（2）自动调节

制热期间，当室内热交换器的温度低时，D101㉟脚输出的激励脉冲的占空比较小，使室内风扇低速运转，待室内热交换器温度升高后，D101㉟脚输出的激励脉冲的占空比增大，控制室内电机增加转速，实现电机转速的自动调节。

知识 5　导风电机控制电路

由于该机导风电机采用的是步进电机，所以要求微处理器 D101 利用①～④脚输出激励脉冲信号。

在停止状态下，按遥控器上的"风向"键后，微处理器 D101 的①～④脚输出激励脉冲信号，从驱动块 D102 的⑦～④脚输入，利用它内部的倒相放大器放大后，从⑩～⑬脚输出，再经连接器 XS103、XS104 驱动步进电机旋转，带动室内机上的风叶摆动，实现大角度、多方向送风。

导风电机旋转只有在室内风扇电机运行时有效。

知识 6　加热电路

加热电路由微处理器 D101、驱动块 D102（ULN2003A）、加热器及其供电继电器 K103 等元件构成。

制热初期，微处理器 D101 的电加热控制端㉛脚输出高电平控制信号。该电压加到驱动块 D102②脚，经它内部的非门倒相放大后，使它的⑮脚电位为低电平，为继电器 K103 的线圈供电，K103 内的触点闭合，接通电加热器的供电回路，加热器开始加热。

制冷期间，D101 的㉛脚输出的电压为低电平，K103 内的触点释放，电加热器停止加热。

知识 7　换新风控制电路

换新风控制电路由微处理器 D101、放大管 V102、换新风电机及其供电电路构成。

需要为室内换新风时，微处理器 D101㊳脚输出的控制信号通过 R124、R141 分压限流，再经 V102 倒相放大，控制换新风电机供电电路为换新风电机供电，换新风电机开始旋转，将室内混浊的空气排到室外，而将室外的新鲜空气吸入室内，实现换新风功能。当 D101 的㉘脚无控制信号输出后，V102 截止，最终使换新风电机停转，换新风功能结束。

知识8　制冷/制热控制电路

制冷/制热控制电路由室内环境温度传感器 RT1、室内盘管温度传感器 RT2、室外盘管温度传感器 RT3（图 7-36 中未画出）、微处理器 D101、存储器 D107、驱动块 ULN2003A（D102、D103）、压缩机供电继电器（图 7-36 中未画出）、四通换向阀 20S 及其供电继电器 K101、风扇电机及其供电电路等元件构成。RT1～RT3 都是负温度系数热敏电阻。

▶ 1. 制冷电路

当室内温度高于设置的温度时，室内温度传感器 RT1 的阻值较小，5V 电压通过 RT1 与 R108 取样后产生的取样电压增大，通过 C111 滤波，加到微处理器 D101 的㉓脚。D101 将该电压数据与存储器 D107 内部存储的不同温度对应的电压数据比较后，识别出室内温度较高，开始执行制冷程序。此时，它的⑨、⑩脚输出高电平信号，而它⑦、㉛脚输出低电平控制信号，同时由㉟脚输出激励脉冲信号。㉛脚输出的低电平信号使电加热器不能加热；⑦脚输出的低电平信号加到 D102 的③脚，通过③脚内的非门倒相放大后，使它的⑭脚电位为高电平，不能为继电器 K101 的线圈供电，使 K101 内的触点释放，不能为四通换向阀的线圈供电，于是四通换向阀使系统工作在制冷状态，即室内热交换器用做蒸发器，而室外热交换器用做冷凝器。⑩脚输出的高电平信号加到驱动块 D102⑤脚，通过⑤脚内的非门倒相放大后，使它的⑫脚电位为低电平，通过连接器 XS115 为室外机内的电磁继电器供电，使它内部的触点闭合，接通压缩机的供电回路，压缩机在运行电容的配合下运转，开始制冷。⑨脚输出的高电平信号加到 D102④脚，通过④脚内的非门倒相放大后，使它的⑬脚电位为低电平，为电磁继电器 K102 的线圈供电，使 K102 内的触点闭合，接通室外风扇电机的供电回路，它在运行电容的配合下开始运转，带动室外风扇运转，为压缩机和室外热交换器散热。如上所述，㉟脚输出的激励脉冲信号使室内风扇电机旋转，加速室内热交换器内的制冷剂汽化吸热，实现室内降温的目的。随着压缩机和各个风扇电机的不断运行，室内的温度开始下降。当温度达到设置值后，RT1 的阻值增大，5V 电压通过 RT1 与 R108 分压产生的电压减小，经 C111 滤波后加到 D101 的㉓脚，D101 根据该电压判断室内的制冷效果达到要求，控制⑨、⑩、㉟脚输出停机信号，切断压缩机和风扇电机的供电回路，使它们停止运转，制冷工作结束，进入保温状态。随着保温时间的延长，室内的温度逐渐升高，使 RT1 的阻值逐渐减小，为 D101㉓脚提供的电压再次增大，重复以上过程，空调器再次工作，进入下一轮的制冷循环。

▶ 2. 制热控制电路

制热过程和制冷过程基本相同，主要的不同：一是微处理器 D101 的⑦脚输出控制信号加到 D102 的③脚，通过③脚内的倒相放大器放大后，使它的⑭脚电位为低电平，为电磁继电器 K101 的线圈供电，使 K101 内的触点闭合，为四通换向阀的线圈供电，于是四通换向阀的阀芯动作，改变制冷剂的流向，使系统工作在制热状态，即室内热交换器用做冷凝器，而室外热交换器用做蒸发器；二是，制热期间 D101 的㉛脚输出高电平信号使电加热器获得供电，开始发热，实现辅助加热功能；三是制热初期，室内盘管温度较低，被室内盘管传感器 RT2 检测后它的阻值较大，5V 电压通过该传感器与 R107 分压产生的电压较小，经 C109 滤波后加到 D101 的㉔脚，D101 将该数据与 D107 内部固化的室内盘管温度/电压数据比较后，确认室内盘管温度较低，控制它的㉟脚不输出激励信号，室内风扇电机不转，以免为室内吹冷风，实现防冷风控制，随着制热的不断进行，室内盘管的温度升高，被盘管温传感器检测后并提供给 IC1 后，IC1 输出室内风扇电机驱动信号，使室内风扇电机旋转，实现制热功能；四是需要定期为室外热交换器除霜。

知识 9　化霜电路

化霜控制电路由室内盘管温度传感器 RT2、室外盘管温度传感器 RT3、微处理器 D101、驱动块 D102（ULN2003A）、四通换向阀及其供电继电器等元件构成。

▶ 1. 化霜条件

该机实现化霜的条件：一是压缩机累计运行时间超过 50min，室外热交换器的温度小于 −2℃，并且室内热交换器下降的温度超过 3℃；二是压缩机累计运行时间超过 1.5h，室外热交换器的温度持续 3min 低于−2℃，或室内热交换器的温度低于 44℃；三是未过载时，室外热交换器的温度持续 30s 低于−17℃，压缩机累计运行时间超过 25min；四是室内机进入过载保护，室外机风扇连续运行时间超过 10min，压缩机累计运行时间超过 50min，室外热交换器的温度低于−2℃，室内热交换器的温度低于 53℃。

▶ 2. 化霜过程

当满足以上化霜条件时，传感器 RT2、RT3 检测到两个热交换器的温度后阻值增大，与分压电阻对 5V 供电进行分压，得到的取样电压加到微处理器 D101 的㉔、㉕脚，D101 将该电压数据与 D107 内部存储的不同温度的电压数据比较后，识别出热交换器的温度，控制该机进入化霜状态。首先，D101 输出压缩机和风扇电机停转信号，55s 后输出控制信号切断四通换向阀线圈的供电，它的阀芯动作，切换制冷剂的走向，使系统进入制冷状态，5s 后启动压缩机运行（室内、室外风扇电机不转），使室外热交换器的温度升高。当压缩机运行时间达到 10min 或室外热交换器表面的温度超过 20℃后，退出化霜状态，随后压缩机停转，55s 后对四通换向阀进行切换控制，使系统再次恢复为制热状态，再过 5s，启动压缩机和室外风扇电机运转。

知识 10　保护电路

为了确保空调器正常工作，或在故障时不扩大故障范围，该机设置了多种保护电路。

▶ 1. 制冷防冻结保护

制冷期间，若室内热交换器（蒸发器）表面温度低于 3℃时，被室内盘管温度传感器 RT2

检测后，将该温度的电压信号传递给微处理器 D101，D101 识别出室内热交换器的温度后，控制㉟脚输出的驱动脉冲的占空比增大，使固态继电器 V105 内的双向晶闸管导通加强，增大了室内风扇电机的供电，使风扇电机的转速提高一挡；若压缩机连续运行时间超过 10min，而室内热交换器表面的温度仍低于-2℃，被 RT2 检测后送给 D101，D101 的⑩脚输出低电平控制信号，使压缩机停转，控制该机进入制冷防冻结保护状态。

2. 制冷防过热保护

制冷期间，若室外热交换器（冷凝器）表面温度超过 60℃时，被室外盘管温度传感器 RT3 检测后，将该温度的电压信号传递给微处理器 D101，D101 识别出室外热交换器的温度后，控制㉟脚输出的驱动脉冲的占空比减小，使固态继电器 V105 内的双向晶闸管导通减弱，为室内风扇电机提供的电压减小，使风扇电机的转速降低一挡；若室外热交换器表面的温度超过 70℃，被 RT3 检测后送给 D101，D101⑩脚输出低电平控制信号，使压缩机停转，控制该机进入制冷防过热保护状态。

3. 制热防过热保护电路

制热期间，若室内热交换器（冷凝器）表面温度超过 49℃时，被室内盘管温度传感器 RT2 检测后，将该温度的电压信号传递给微处理器 D101，D101 识别出室内热交换器的温度后，控制㉟脚输出的驱动脉冲的占空比减小，使固态继电器 V105 内的双向晶闸管导通减弱，减小了室内风扇电机的供电，使风扇电机的转速降低一挡；若室内热交换器表面温度超过 42℃以后，被 D101 识别后，控制室内风扇电机的转速恢复原速。降低一挡；若室内热交换器表面的温度超过 65℃，被 RT2 检测后送给 D101，D101 的⑩脚输出低电平控制信号，使压缩机停转，控制空调器进入制热防过热保护状态。

4. 压缩机供电延迟保护电路

压缩机供电延迟保护电路由微处理器 D101 的⑯脚内外电路构成。

为空调器通电后，由于电容 C121 需要充电，所以 5V 供电通过 R114、VD109 为 C121 充电，使 D101 的⑯脚电位由低逐渐升高，此时 D101 的⑩脚不能输出高电平控制信号，压缩机不能工作，以免压缩机停转后立即工作，可能会因液击等原因损坏。只有 D101 的⑯脚电位为高电平，D101 的⑩脚才能输出高电平控制信号，使压缩机运行，实现压缩机供电延迟保护。由于 C121 充电的时间为 3min 左右，所以该电路也叫 3min 延迟保护电路。

知识 11 故障自诊功能

为了便于生产和维修，该系统设置了故障自诊功能。当该机控制电路中的某一器件发生故障时，被微处理器 D101 检测后，通过室内机上的指示灯来显示故障代码。故障代码与故障原因见表 7-2。

表 7-2　长虹 KF（R）-25（30/34）GW/WCS 型空调器故障代码与故障原因

故障代码	故障原因	空调器状态
运行灯、待机灯、定时灯以 5Hz 的频率闪烁	存储器损坏或数据错	不工作
定时灯以 5Hz 的频率闪烁	室内风扇电机及其控制（相位检测）系统、AC 过零检测电路异常	保护性自动停机
运行灯以 1Hz 的频率闪烁	室外盘管传感器及其阻抗/电压信号变换电路异常	保护性自动停机
待机灯以 1Hz 的频率闪烁	室内温度传感器及其阻抗/电压信号变换电路异常	空调器以 24℃的固定温度运行
定时灯以 1Hz 的频率闪烁	室内盘管传感器及其阻抗/电压信号变换电路异常	保护性自动停机

知识 12　常见故障检修

1. 整机不工作

整机不工作是插好电源线后，用遥控器开机无反应，蜂鸣器不鸣叫，并且显示板上的指示灯也不亮。该故障主要是由于市电供电系统或电脑板上的电源电路异常所致。该故障的检修流程如图 7-37 所示。

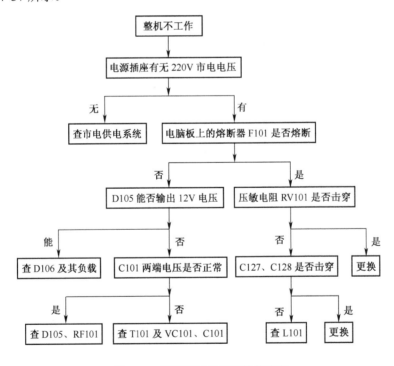

图 7-37　整机不工作故障检修流程

提示

因我国目前的市电电压比较稳定,所以压敏电阻 RV101 击穿后,若无配件也可不安装。另外,保险电阻 RF101 开路后,还要检查 C102、D105、C104～C106 是否击穿,以免更换后再次损坏。

2. 指示灯亮,机组不工作

通过故障现象分析,该故障主要是由于微处理器电路、遥控器、遥控接收电路异常所致。该故障的检修流程如图 7-38 所示。

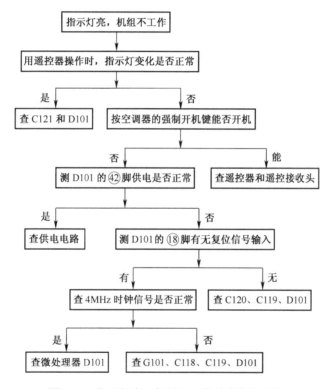

图 7-38　指示灯亮,机组不工作故障检修流程

提示

与其他空调器不同的是,该机微处理器不工作时,指示灯会点亮,这是因微处理器不工作时,为驱动块 ULN2003A 提供的信号为低电平,通过 ULN2003A 内的非门倒相后为指示灯供电,使指示灯发光。

3. 压缩机不转,风扇电机转

通过故障现象分析,故障主要是由于微处理器、驱动电路、供电电路、3min 延迟保护电路、压缩机及其启动电容、过载保护装置异常所致。该故障的检修流程如图 7-39 所示。

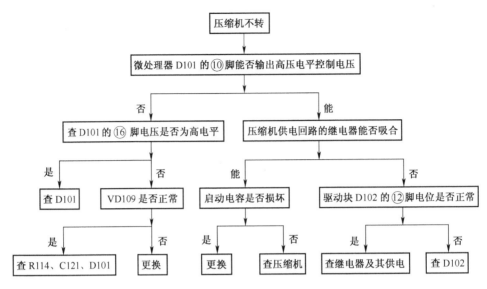

图 7-39　压缩机不转故障检修流程

▶ 4. 室外风扇电机不转

通过故障现象分析，故障主要是由于微处理器、驱动电路、供电电路、启动电容、风扇电机异常所致。该故障的检修流程如图 7-40 所示。

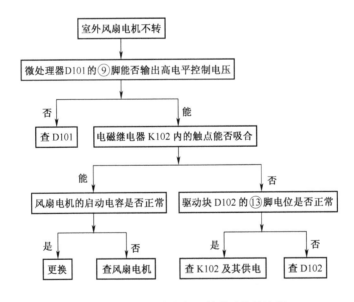

图 7-40　室外风扇电机不转故障检修流程

▶ 5. 制冷效果差

通过故障现象分析，故障主要是由于温度设置、温度检测、制冷系统、通风系统异常所致。该故障检修流程如图 7-41 所示。

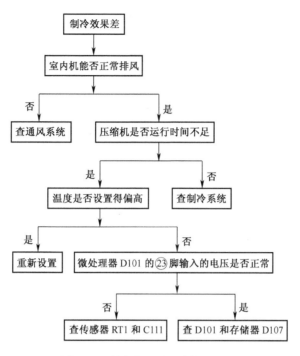

图 7-41 制冷效果差故障检修流程

6. 空调器不工作，3 个指示灯闪烁

通过故障现象分析，说明故障是由于存储器、微处理器或其之间电路异常，被微处理器检测后使空调器不工作，3 个指示灯闪烁。该故障的检修流程如图 7-42 所示。

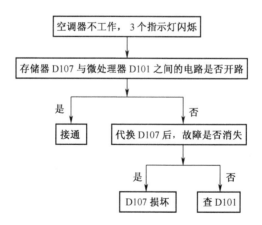

图 7-42 空调器不工作，3 个指示灯闪烁故障检修流程

7. 空调器保护停机，定时灯以 5Hz 频率闪烁

通过故障现象分析，说明故障是由于 AC 过零检测电路或室内风扇电机及其驱动、速度检测电路异常，被微处理器检测后使空调器保护停机，并通过定时灯显示故障代码。该故障的检修流程如图 7-43 所示。

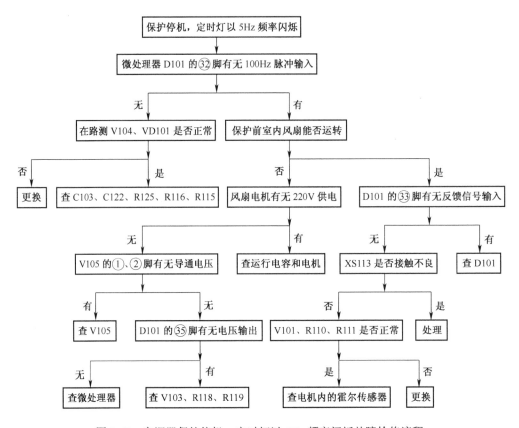

图 7-43　空调器保护停机，定时灯以 5Hz 频率闪烁故障检修流程

> 📖 **方法与技巧**
>
> 怀疑室内风扇电机 PG 脉冲形成电路异常时，可在拨动室内风扇扇叶时，测 XS113 的 ②脚应有变化的电压，否则说明霍尔传感器异常；若 XS113 的 ②脚有变化的电压，而 CPU 无检测信号输入，则说明 XS113 与 CPU 之间电路异常。

▶8. 空调器保护停机，定时灯以 1Hz 频率闪烁

通过故障现象分析，说明故障是由于室内盘管温度传感器或其阻抗信号/电压信号变换电路异常，被微处理器检测后使空调器保护停机，并通过定时灯显示故障代码。该故障的检修流程如图 7-44 所示。

▶9. 空调器保护停机，运行灯以 1Hz 频率闪烁

通过故障现象分析，说明故障是由于室外盘管温度传感器或其阻抗信号/电压信号变换电路异常，被微处理器检测后使空调器保护停机，并通过运行灯显示故障代码。该故障的检修流程如图 7-45 所示。

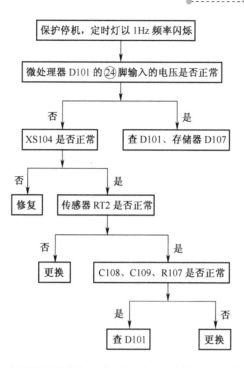

图 7-44　空调器保护停机，定时灯以 1Hz 频率闪烁故障检修流程

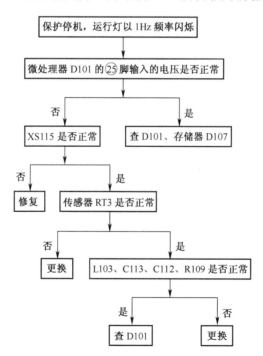

图 7-45　空调器保护停机，运行灯以 1Hz 频率闪烁故障检修流程

⏵ 10. 空调器保护停机，待机灯以 1Hz 频率闪烁

通过故障现象分析，说明室内环境温度传感器或其阻抗信号/电压信号变换电路异常。该

故障的检修流程如图 7-46 所示。

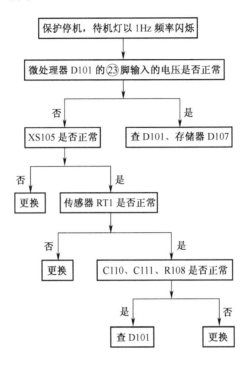

图 7-46　空调器保护停机，待机灯以 1Hz 频率闪烁故障检修流程

◉ 11. 指示灯不亮

通过故障现象分析，故障主要是由于指示灯、驱动块、微处理器异常所致。由于 5 个指示灯控制相同，下面以定时灯不亮为例进行介绍，该故障的检修流程如图 7-47 所示。

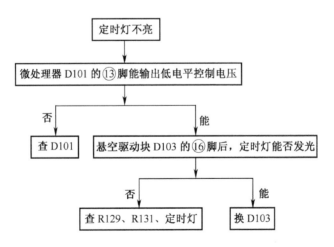

图 7-47　定时灯不亮故障检修流程

> **提示**
>
> 由于定时灯应用得较少，所以微处理器 D101 异常引起定时灯不能发光时，不必更换微处理器。

12. 蜂鸣器不发音

蜂鸣器不发音的主要原因：一是蜂鸣器损坏；二是驱动块 D102 异常；三是微处理器 D101 损坏。检修流程如图 7-48 所示。

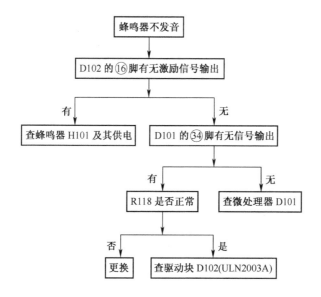

图 7-48 蜂鸣器不发音故障检修流程

思 考 题

1. 空调器电脑板电路由哪些电路构成，它们的作用是什么？
2. 电源电路为什么设置稳压控制电路？开关电源的稳压控制电路是如何控制的？
3. 微处理器的基本工作条件电路有几个？复位电路是如何工作的？
4. 室内风扇电机是如何工作的？如何检修室内风扇电机不转的故障？
5. 导风电机是如何工作的？室内风扇电机是如何工作的？
6. 如何检测温度传感器、双向晶闸管、光电耦合器？
7. 分析长虹 KF（R）-25（30/35）GW/WCS 型空调器主要电路工作原理。如何检修该机整机不工作的故障？如何检修指示灯亮、机组不运行的故障？如何检修制冷效果差的故障？如何检修保护停机，定时指示灯以 1Hz、5Hz 频率闪烁的故障？如何检修保护停机，待机指示灯以 1Hz 频率闪烁的故障？

空调器分解与清洗

对于使用时间较久或工作环境恶劣的空调器，大部分制冷/制热效果差的原因是热交换器或通风系统过脏所致，并且通风系统过脏还会引起噪声大的故障。因此，对热交换器、通风系统的清洗是空调器维修十分重要的手段。另外，在检修空调器时，也需要对空调器进行分解，为了让初学者快速掌握空调器分解和清洗技能，下面介绍典型空调器分解和清洗方法。

技能 1　室内机的分解与清洗

（1）拆卸面板，如图 8-1 所示，拆卸过滤网，如图 8-2 所示。

图 8-1　室内机的分解与清洗（1）　　图 8-2　室内机的分解与清洗（2）

（2）拆卸外壳的固定螺丝，如图 8-3 所示。依次打开固定外壳的锁扣，如图 8-4、图 8-5 所示。

 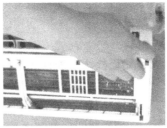 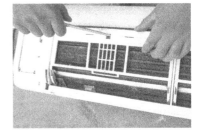

图 8-3　室内机的分解与清洗（3）　图 8-4　室内机的分解与清洗（4）　图 8-5　室内机的分解与清洗（5）

（3）打开全部锁扣后，向两侧用力，就可以取下外壳，如图 8-6、图 8-7 所示。

（4）拆卸导风电机（也叫摆风电机、摆叶电机）的固定螺丝，如图 8-8 所示，取下导风电机后就可以拆出导风板与积水盒，如图 8-9 所示。

图 8-6 室内机的分解与清洗（6）

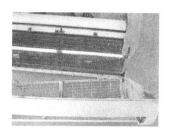

图 8-7 室内机的分解与清洗（7）

图 8-8 室内机的分解与清洗（8）

图 8-9 室内机的分解与清洗（9）

（5）用手拔掉室内环境温度传感器（简称为室温传感器），如图 8-10 所示；拆卸室内热交换器上的接地线，如图 8-11 所示。打开锁扣，拆掉室内热交换器一侧的塑料支架，并拆出室内热交换器温度传感器（也称室内盘管传感器），如图 8-12 所示。

室温传感器

室内盘管传感器

图 8-10 室内机的分解与清洗（10） 图 8-11 室内机的分解与清洗（11）图 8-12 室内机的分解与清洗（12）

（6）拔掉电路板上连接器的插头，如图 8-13 所示；向外用力拆出电路板组件，如图 8-14 所示，拆出的电路板组件，如图 8-15 所示。

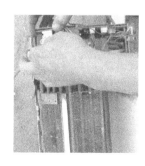

图 8-13 室内机的分解
与清洗（13）

图 8-14 室内机的分解
与清洗（14）

遥控接收、应急开关板 主板（电脑板）

图 8-15 室内机的分解
与清洗（15）

（7）拆掉固定室内风扇电机的螺丝，如图 8-16 所示；用螺丝刀拆掉室内风扇电机与贯流风叶的固定螺丝，如图 8-17 所示；拆掉固定螺丝后，向外用力就可以取出室内风扇电机，如图 8-18 所示。

图 8-16　室内机的分解　　　　图 8-17　室内机的分解　　　　图 8-18　室内机的分解
　　　　与清洗（16）　　　　　　　　与清洗（17）　　　　　　　　与清洗（18）

（8）拆掉固定贯流风叶的轴承套，如图 8-19 所示；轻轻取出贯流风扇扇叶，如图 8-20 所示。

图 8-19　室内机的分解与清洗（19）　　　　图 8-20　室内机的分解与清洗（20）

（9）用水枪喷射外壳、室内热交换器、风扇扇叶等需要清洗的部件，如图 8-21 所示；带上橡胶手套后，将空调铝翅片高级清洗液倒入喷壶内，如图 8-22 所示。

图 8-21　室内机的分解与清洗（21）　　　　图 8-22　室内机的分解与清洗（22）

（10）为贯流风扇扇叶喷射清洗液，如图 8-23 所示；为室内热交换器的两面均匀喷上清洗液，如图 8-24 所示；为挡风板等部件均匀喷清洗液，如图 8-25 所示。

图 8-23 室内机的分解
与清洗（23）

图 8-24 室内机的分解
与清洗（24）

图 8-25 室内机的分解
与清洗（25）

（11）喷射清洗液 10 分钟左右，当清洗液与被喷射的部件上的污垢起化学反应后，就会将这些污垢分解并溢出，如图 8-26 所示；随后用水枪对这些部件依次进行冲洗，如图 8-27 所示。

图 8-26 室内机的分解与清洗（26）

图 8-27 室内机的分解与清洗（27）

（12）对于格栅、外壳死角等部位，需要用毛刷进行清洗，确保每个部件清洗干净，不留死角，如图 8-28、图 8-29 所示。

图 8-28 室内机的分解与清洗（28）

图 8-29 室内机的分解与清洗（29）

最后，将清洗的部件晾干后，就可以复原安装。

技能 2 室外机的分解与清洗

（1）依次拆卸顶板的螺丝，如图 8-30 所示，拿掉顶板后，如图 8-31 所示。

（2）拆卸电气盒盖上的固定螺丝，并拿掉盖板，如图 8-32 所示；拆卸电气板上的固定螺丝，如图 8-33 所示；拆卸面板上的螺丝并拿掉面板，如图 8-34 所示。

图 8-30　室外机的分解与清洗（1）

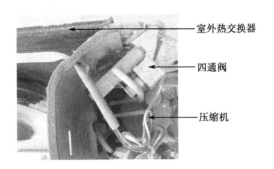

室外热交换器

四通阀

压缩机

图 8-31　室外机的分解与清洗（2）

图 8-32　室外机的分解
与清洗（3）

图 8-33　室外机的分解
与清洗（4）

图 8-34　室外机的分解
与清洗（5）

（3）用套管拆掉固定压缩机电机接线端子盖的螺母，如图 8-35 所示；取下端子盖，露出电机接线插头和过载保护器，如图 8-36 所示。

图 8-35　室外机的分解与清洗（6）

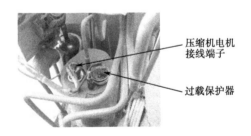

压缩机电机
接线端子

过载保护器

图 8-36　室外机的分解与清洗（7）

（4）用套管拆掉固定四通阀的螺母，如图 8-37 所示；取下四通阀的线圈，如图 8-38 所示。

图 8-37　室外机的分解与清洗（8）

图 8-38　室外机的分解与清洗（9）

（5）用套管拆掉固定室外风扇电机扇叶的螺母，如图 8-39 所示；取下扇叶，如图 8-40 所示。

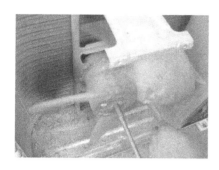

图 8-39　室外机的分解与清洗（10）

图 8-40　室外机的分解与清洗（11）

（6）拆掉室外风扇电机支架上的两个螺丝，如图 8-41 所示；取下风扇电机支架及压缩机运行电容支架，如图 8-42 所示。

图 8-41　室外机的分解与清洗（12）

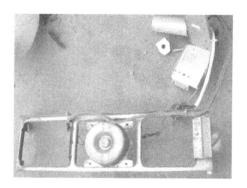

图 8-42　室外机的分解与清洗（13）

（7）用水枪从上到下为室外热交换器的两面均匀喷水，如图 8-43 所示；几分钟后，用喷壶从上到下为室外热交换器的两面均匀喷空调热交换器专业清洗剂，如图 8-44 所示。

图 8-43　室外机的分解与清洗（14）

图 8-44　室外机的分解与清洗（15）

（8）室外热交换器的两面喷上空调热交换器专业清洗剂几分钟后，会和污垢产生化学反应，热交换器的两面都会有大量污垢溢出，如图 8-45、图 8-46 所示。

（9）用水枪从上到下为室外热交换器的两面均匀喷水，冲掉污垢，如图 8-47、图 8-48 所示。

图 8-45 室外机的分解与清洗（16）

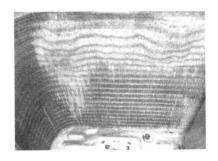

图 8-46 室外机的分解与清洗（17）

图 8-47 室外机的分解与清洗（18）

图 8-48 室外机的分解与清洗（19）

最后，将清洗的热交换器晾干，并用抹布将压缩机、室外风扇电机、扇叶、电容等部件清理干净后，就可以复原安装。

提　示

若扇叶、制冷管路过脏也可以采用清洗剂清洗，但清洗后要用清水冲刷后，及时用抹布将制冷管路擦干，以免发生漏电、生锈等异常现象。

思　考　题

1. 空调器的分解、清洗有什么作用？
2. 室内机拆卸有哪些步骤？
3. 室外机拆卸有哪些步骤？
4. 为什么需要将清洗后的部件晾干或擦干后复原安装。

变频空调器电路故障检修

变频空调器的特点和基本原理

知识1 变频空调器的特点

变频空调器是相对定频空调器而言的。定频空调器的压缩机直接采用220V/50Hz供电，其转速基本不变。此类空调器依靠不断地"开、停"压缩机来调整室内温度，不但使人感觉温差大，而且浪费较多的电能。而变频空调器利用变频器将50Hz市电电压频率变换为30～130Hz的变化频率，这种通过改变压缩机供电频率方式的技术就是所谓的"变频"技术。变频技术是20世纪80年代问世的一种高新技术，空调器采用变频技术后进入了一个新时代。

变频空调器每次开始使用时，通常是让压缩机高频、高速运转，以最大功率、最大风量进行制冷或制热，使室内温度迅速接近所设定的温度。当室内温度接近所设定的温度，并被单片机识别后，单片机控制压缩机进入低频、低速的低能耗运转状态，使室内温度趋于稳定，避免了压缩机频繁地开开停停。这样，不仅提高了舒适度，而且实现了高效节能的目的。

变频空调器通过提高压缩机工作频率的方式增大了制热能力，不仅最大制热量比同品牌、同级别的定频空调器要高一些，而且低温下仍有良好的制热效果。变频空调器可根据环境温度自动选择制冷、制热或除湿运转方式，室温波动范围小，不仅提高了舒适度，而且节约了电能。此外，变频空调器可在低电压条件下启动，彻底解决了空调器在某些地区因电压较低难以启动的难题。

定频分体式空调器的室内风扇电机只有4挡风速可供调节，而变频空调器的室内风扇电机在自动运行时，转速会随压缩机的工作频率在12挡风速范围内变化。由于风扇电机的转速与制冷/制热能力进行了合理的匹配，因此可实现低噪声的宁静运行。

由于变频空调器在电路方面不仅需要功能更加强大、完善的微处理器电路，而且需要设置大功率压缩机驱动电路（模块电路）及其电源电路，在制冷系统方面采用了膨胀阀作为节流器件，从而导致它的成本大大高于定频空调器，影响了变频空调器的普及，不过，随着变频技术、单片机控制技术的不断完善以及电子元器件成本的不断降低，变频空调器最终将逐步取代定频空调器，成为空调器市场的主流产品。

知识 2 变频的基本原理

目前，常见的变频方式主要有交流变频和直流变频两种。

1. 交流变频

交流变频器主要由 AC-DC 变换器（整流、滤波电路）、三相逆变器（inverter 电路）、脉冲宽度调制电路（PWM 电路）构成，如图 9-1 所示。

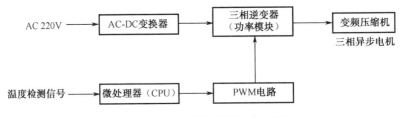

图 9-1 交流变频控制器构成方框图

首先，AC-DC 变换器将 220V 市电电压变换为 310V 左右的直流电压，为三相逆变器供电，三相逆变器在 PWM 电路产生的 PWM 脉冲作用下，将 310V 直流电压变换为近似正弦波的交流电压，为变频压缩机供电，驱动压缩机运转。PWM 电路输出的 PWM 脉冲的占空比大小受微处理器（CPU）的控制。这样，通过微处理器的控制，逆变器就可为压缩机提供频率可变的交流电压，实现压缩机转速的控制。

在变频过程中，变频空调器的制冷能力与负荷相适应，温度传感器产生的温度检测信号通过微处理器运算后，产生运转频率控制信号。这个信号就可改变 PWM 电路输出的 PWM 脉冲的占空比，相继改变了三相逆变器输出电压的频率，使压缩机（三相异步电机）在箱内温度高时高速运转，快速制冷；在箱内温度较低时低速运转，以维持箱内温度，从而实现了压缩机的变频控制。

2. 直流变频

直流变频空调器与交流变频空调器的变频原理基本相同，但由于直流变频空调器的压缩机电机采用的是直流无刷电机，所以也有一定的区别。典型的直流变频控制器如图 9-2 所示。

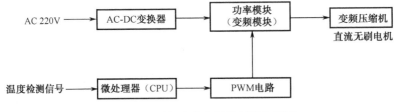

图 9-2 典型的直流变频控制器方框图

AC-DC 变换器将 220V 市电电压变换为 310V 左右的直流电压，为功率模块供电，模块在微处理器的控制下，输出可变的直流电压，驱动压缩机运转，如图 9-3 所示。

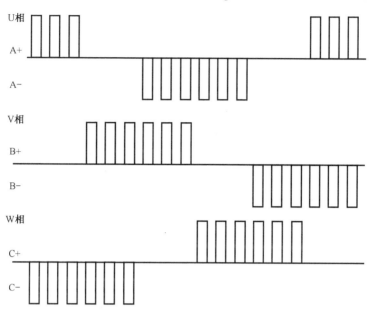

图 9-3 直流变频空调器压缩机各个绕组电压控制示意

在微处理器输出的 PWM 脉冲的控制下，功率模块为直流变频压缩机定子绕组的 U、V 两相输入直流电流时，由于转子中永久磁铁产生的磁通的交链，所以在剩余的 W 相绕组上产生感应信号，作为直流电机转子的位置检测信号，然后配合转子磁铁位置，逐次转换直流电机定子绕组通电相，使其继续运转。也正是由于直流变频空调器设置了位置检测电路，使用直流变频空调器比交流变频空调器控制更精确，效率更高。

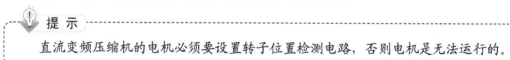

提 示

直流变频压缩机的电机必须要设置转子位置检测电路，否则电机是无法运行的。

任务2 变频空调器的特色电路

知识1 室外机 300V 供电、压缩机电流检测电路

变频空调器典型的 300V 供电、压缩机电流检测电路如图 9-4 所示。

1. 300V 供电电路

（1）电路分析

室外机供电电路由室内微处理器 IC1、继电器 RL1、限流电阻 RT（PTC）、桥式整流堆 DB1 和滤波电容 C2 构成，如图 9-4 所示。

开机后，室内微处理器 IC1 工作，从①脚发出室外机供电的高电平控制信号。该控制信号经驱动电路放大后，为继电器 RT 的线圈提供导通电流，使 RL1 内的触点闭合，220V 市电

电压经 RL1 和限流电阻 RT 进入室外机电路板，不仅加到室外风扇电机、四通阀供电电路，而且通过桥式整流堆 DB1 全桥整流，C2 滤波后获得 300V 左右直流电压，为功率模块 IPM 和开关电源供电。

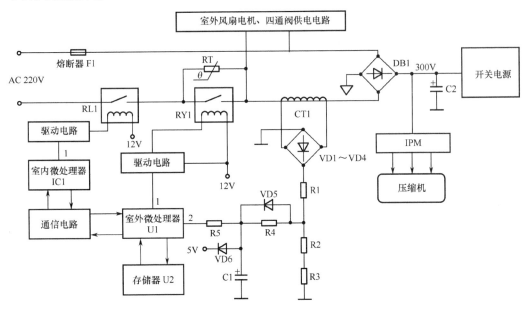

图 9-4　变频空调器的 300V 供电、压缩机运行电流检测电路

（2）常见故障检修

若继电器 RL1 或其驱动电路异常，使室外机电路板无市电电压输入时，会产生通信异常的故障；若桥式整流堆 DB1 内的整流管或滤波电容 C2 击穿，会导致熔断器 F1 过流熔断，导致室外机电路板不工作，产生通信异常的故障；若 DB1 内有二极管开路或滤波电容 C2 容量下降，使 300V 供电电压不足且纹波大，会产生压缩机不能正常运转或保护性停机、显示压缩机或 IPM 异常故障代码的故障，甚至会导致室外机开关电源的开关管损坏。DB1 是否正常，用万用表二极管挡在路就可以测出；而 C2 是否正常可用电容表测量或采用代换法进行确认。

RT 开路后，C2 两端不能形成 300V 供电电压，导致 IPM 等电路不能工作；若 RT 漏电或热敏性能下降，使滤波电容 C2 充电电流过大，会导致熔断器 F1 过流熔断。RT 是否漏电用万用表在路就可测出。热敏性能是否下降最好采用代换法确认。

2. 限流及其控制电路

（1）电路分析

因为 300V 供电的滤波电容 C2 的容量较大（容量值超过 2000μF），所以它的初始充电电流较大，为了防止大的充电电流导致整流堆等元器件过流损坏，需要通过设置限流电路来抑制该冲击电流。目前，变频空调器多采用正温度系数热敏电阻 PTC 构成的限流电路。C2 初始充电产生的大电流利用 RT（PTC）限流，RT 限流时温度急剧升高，致使它的阻值迅速增大，导致 300V 电源内阻大增，不能保证 IPM 和开关电源的正常工作。因此，当 C2 充电结束后必须将 RT 短接，才能确保负载工作后 300V 供电基本不变。这个电路就是限流电阻控制电路。典型的限流电阻控制电路由室外微处理器 U1、继电器 RY1 及其驱动电路构成，如图 9-4 所示。

当室外微处理器 U1 工作后，从它①脚输出的高电平控制信号经驱动电路倒相放大，为继电器 RY1 的线圈提供导通电流，使 RY1 内的触点闭合，将限流电阻 RT 短接，使 300V 电源的内阻降为最小，实现限流电阻控制。

（2）常见故障检修

若继电器 RY1 的触点粘连或驱动电路异常使其触点始终接通时，引起 C2 的充电电流过大，导致熔断器 F1 过流熔断。RY1 的触点是否粘连用万用表在路测量就可以确认，而驱动电路是否异常采用电阻测量法和电压测量法就可以确认。

 提示

由于滤波电容 C2 的容量为 2000～7200μF，切断电源后 C2 仍然储存较高的电压，所以维修时，应先将电烙铁或白炽灯的插头并联在 C2 两端，将 C2 储存的电压放掉，以免维修时被电击，发生人身安全事故或损坏测量仪表。

3. 压缩机运行电流检测电路

变频空调器为了防止压缩机过流损坏，设置了压缩机运行电流检测电路。早期变频空调器的压缩机运行电流检测电路以室外微处理器 U1、电流互感器 CT1 为核心构成。该电路和项目 7 内介绍的压缩机运行电流检测电路的工作原理相同，不再介绍。

知识2 压缩机电机驱动电路

典型的变频压缩机电机驱动电路由微处理器 IC1、IPM 和压缩机构成，如图 9-5 所示。

1. IPM 的构成与引脚功能

常见的 PS21564 型 IPM 内部由 6 只 IGBT 型功率管及其驱动电路、保护电路、自举电源等构成，如图 9-6 所示，它的引脚功能如表 9-1 所示。

表 9-1 功率模块 PS21564 的引脚功能

引脚号	名称	功能	引脚号	名称	功能
1	V_{UFS}	U 相驱动电路电源负极	19	NC	空脚
2	NC	空脚	20	V_{NO}	过流时间取样设置
3	V_{UFB}	U 相驱动电路电源正极	21	U_N	U 相下桥驱动信号输入
4	V_{PL}	U 相驱动电路供电	22	V_N	V 相下桥驱动信号输入
5	NC	空脚	23	W_N	W 相下桥驱动信号输入
6	U_P	U 相上桥驱动信号输入	24	F_O	故障保护信号输出
7	V_{VFS}	V 相驱动电路电源负极	25	CFO	故障保护延迟电路
8	NC	空脚	26	CIN	过流取样信号输入
9	V_{VFB}	V 相驱动电路电源正极	27	V_{NC}	接地

续表

引脚号	名　称	功　　能	引脚号	名　称	功　　能
10	V_{PL}	V 相驱动电路供电	28	V_{NL}	下桥控制电路供电
11	NC	空脚	29		空脚
12	V_P	V 相上桥驱动信号输入	30		空脚
13	V_{WFS}	W 相驱动电路电源负极	31	P	300V 供电
14	NC	空脚	32	U	U 相信号输出
15	V_{WFB}	W 相驱动电路电源正极	33	V	V 相信号输出
16	V_{PL}	W 相驱动电路供电	34	W	W 相信号输出
17	NC	空脚	35	N	接地
18	W_P	W 相上桥驱动信号输入			

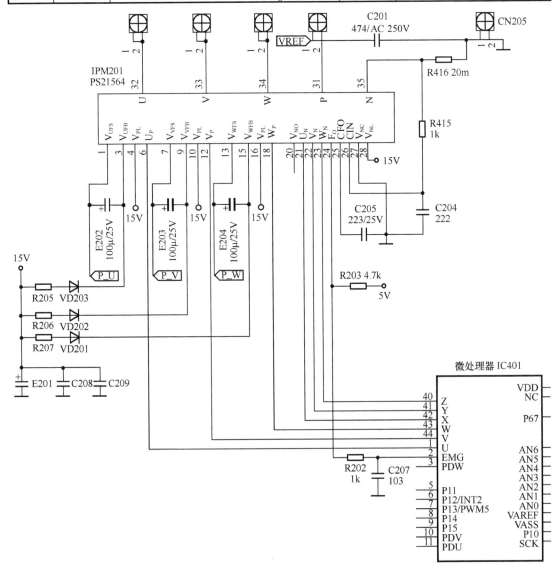

图 9-5　典型变频压缩机电机驱动电路

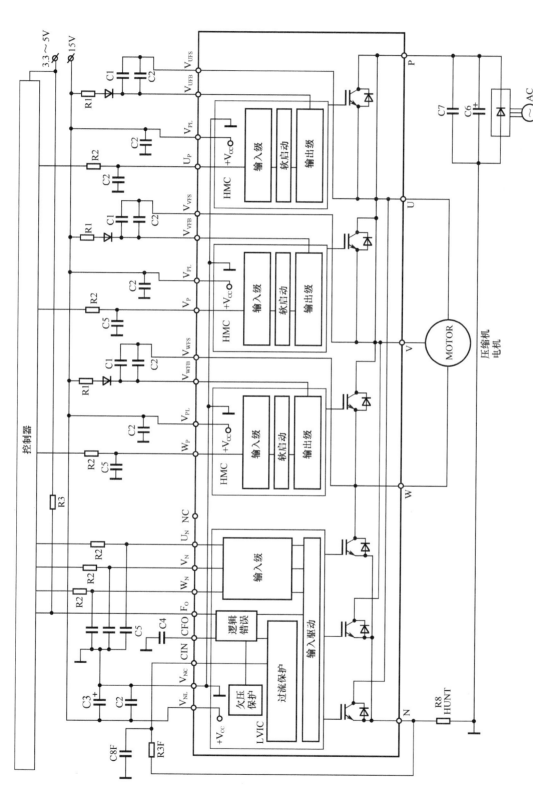

图9-6 功率模块PS21564的内部构成与应用电路

在图 9-6 中，3 个驱动电路 HMC 驱动三相桥臂的上管，驱动电路 LVIC 驱动三相桥臂的下管。其中，驱动电路由 PWM 信号的整形电路、电平移位电路、欠压保护电路、IGBT 驱动电路构成，如图 9-7 所示。

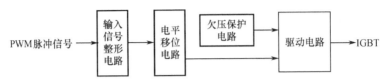

图 9-7　功率模块内部驱动电路构成

2. IPM 的工作原理

IPM 内 3 个半桥电路的构成和工作原理相同，下面通过介绍一个半桥电路的原理，使学生了解 IPM 的工作原理，电路如图 9-8 所示。

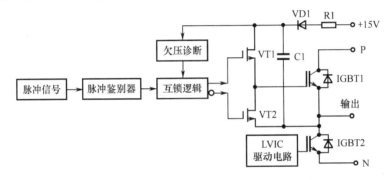

图 9-8　IPM 内一个半桥功率变换电路构成示意

当输入的脉冲信号为高电平，LVIC 驱动电路输出低电平信号时，IGBT2 截止，同时经过脉冲鉴别器确认，并且供电正常时，互锁逻辑电路上端输出的驱动信号为高电平，下端输出的驱动信号为低电平，使驱动管 VT1 导通，VT2 关断，VT1 的 S 极输出的电压使 IGBT1 导通，IGBT1 导通后，从输出端为压缩机电机绕组供电，使电机绕组形成正向电流。当输入脉冲信号为低电平时，VT1 截止，VT2 导通，使 IGBT1 关断，同时 LVIC 电路使 IGBT2 导通，IGBT2 导通后，电机绕组产生的反相电动势通过 IGBT2 到地，形成反向电流。

3. IPM 的自举供电

目前，IPM 都采用了单电源供电方式，为了确保电路能正常工作，需要自举升压电路。图 9-8 中的电阻 R1、自举二极管 VD1 和自举电容 C1 组成供电自举升压电路。

如上所述，当激励脉冲为低电平时，IGBT1 截止，IGBT2 导通，15V 电压通过 R1 和 VD1 为 C1 充电，使 C1 两端建立 14.5V 左右的电压，为激励管 VT1 供电。当驱动脉冲为高电平时，IGBT2 截止，VT1 导通，C1 两端的 14.5V 电压通过 VT1 使 IGBT1 导通，从而实现自举升压控制。

为了保证 C1 两端充电电压达到 14.5V，需要 IGBT2 有足够的导通时间（≥200μs）。

4. 保护电路

目前,变频空调器采用的 IPM 内设置了过流、欠压、过热、短路保护电路。一旦发生欠压、过流、过热等故障,IPM 内部的保护电路动作,不仅切断 IPM 输入的驱动信号,使 IPM 停止工作,而且输出保护信号。该信号通过接口电路送到室外微处理器,室外微处理器发出控制信号,使空调器停止工作并通过指示灯或显示屏显示故障代码,表明该机进入 IPM 异常的保护状态。

5. 常见故障检修

通信电路异常不仅会产生整机不工作、通信报警的故障,而且会产生空调器有时正常、有时保护性停机,显示屏显示无负载或 IPM 异常故障代码的故障。

部分空调器的 IPM 还产生 12V 等电压,所以此类模块损坏后,会导致室外机 CPU 电路因没有供电而不工作,从而会产生空调器不工作故障,并且显示通信异常故障代码。

检测 IPM 的方法主要有 3 种:一是,直观检查法,若发现 IPM 的表面有裂痕,则说明 IPM 已损坏;二是,将万用表置于"二极管"挡,分别测 U、V、W 端子与 P、N 端子间的正向导通压降值的范围是 0.38~0.45V,而反向导通压降值为无穷大,否则,说明 IPM 内的 IGBT 击穿;三是,将万用表置于 250V 交流电压挡,测量 IPM 的 W、U、V 端子的输出电压应为 0~160V,并且任意两相间的电压值应相同,否则 IPM 或压缩机绕组开路。若确认压缩机绕组正常,则说明 IPM 损坏。

测量 IPM 的 3 个输出端对 300V 和对地导通压降值时,实际测量值是 IGBT 的 ce 结上并联的二极管的导通压降值,因此,测量时值只能判断 IGBT 是否击穿,而不能测量出 IGBT 的驱动电路是否正常。

> **注意**
>
> 若 IPM 内的 IGBT 损坏,必须要检查自举升压电路的电容、电阻和二极管是否正常,以免更换后的 IPM 再次损坏。

知识3 室外风扇电机电路

变频空调器的室外风扇电路和定频变频的室外风扇电路不同,它也采用了变速控制电路。典型的变频空调器室外风扇电机(简称室外风机)电路以室外风机微处理器 IC1、存储器 IC2、单刀双掷继电器 RL1、双刀双掷继电器 RL2、驱动器 IC3 为核心构成,如图 9-9 所示。

1. 工作原理

需要风扇电机工作在低风速时,微处理器 IC1 的②脚输出高电平控制信号,③脚输出低电平控制信号。②脚输出的高电平控制信号通过 IC3 内的非门倒相放大后,使继电器 RL1 的线圈有导通电流,RL1 内的动触点 1 与常开触点 3 接通,为继电器 RL2 内的动触点 4 供电。

IC1 的③脚输出的低电平控制信号通过 IC3 倒相放大后使 RL2 的线圈无导通电流，RL2 的动触点 1 接通常闭触点 3、动触点 4 接通常闭触点 6，于是 220V 市电电压加到室外风扇电机的低速绕组 L 上，室外风扇电机工作在低速运转状态。

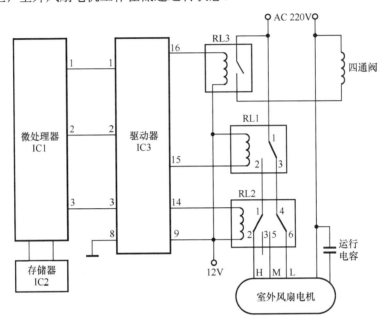

图 9-9 空调器典型的室外风扇电机供电电路

需要风扇电机工作在中风速时，IC1 的②、③脚输出的控制信号为高电平。如上所述，②脚输出高电平控制信号时 RL1 内的触点 1、3 接通，为 RL2 内的动触点 4 供电；IC1③脚输出的高电平信号通过 IC3 内的非门倒相放大后，为 RL2 的线圈提供导通电流，它的动触点 1 与常开触点 2 接通、动触点 4 与常开触点 5 接通，于是 220V 市电电压加到室外风扇电机的中速绕组 M 上，室外风扇电机工作在中速运转状态。

需要风扇电机工作在高风速时，IC1 的②脚输出的控制信号为低电平，③脚输出的控制信号为高电平。如上所述，③脚输出高电平控制信号时，RL2 内的动触点 1 与常开触点 2 接通；IC1 的②脚输出的低电平信号通过 IC3 内的非门倒相放大后，切断 RL1 线圈的供电回路，它的动触点 1 与常闭触点 2 接通，于是 220V 市电电压加到室外风扇电机的高速绕组 H 上，室外风扇电机工作在高速运转状态。

提 示

实际应用时，室外风扇电机的供电控制不一定按上述逻辑进行，但控制原理是一样的。

▶2. 典型故障检修

该电路异常会产生风扇不转、不能高速运转或通电后风扇就高速运转的故障。其中，风扇不转的故障原因是继电器 RL1 的①脚无市电输入，运行电容或风扇电机异常。

检修风扇不能高速运转的故障时，首先，测风扇电机高速供电端子 H 有无电压，若有，检查电机的高速供电端子或引线是否开路；若没有，测继电器 RL2 的动触点 1 的焊点上有无供电。若有，测 IC3 的⑭脚电位是否为低电平，若是，维修或更换 RL2；若⑭脚电位为高电平，测 IC1 的③脚有无高电平控制信号输出。若没有，查 IC1；若有，查 IC3。若 RL2 的触点 1 的引脚没有电压，测 IC3 的⑮脚电位是否为高电平，若是，维修或更换 RL1；若⑮脚电位为低电平，测 IC1 的②脚有无高电平控制信号输出。若有，查 IC1；若没有，查 IC3。

> **提 示**
>
> 若空调器发生室外风扇电机不能中速运转或低速运转的故障时，检修方法和检修步骤不能与高速运转故障相同。

检修通电后室外风扇电机就高速运转故障时，首先，测 IC3 的⑭脚电位是否为低电平，若不是，说明 RL2 内的触点粘连，维修或更换 RL2；若为低电平，测 IC1 的③脚有无高电平控制信号输出，若有，查 IC1；若没有，说明 IC3 内的非门击穿，更换 IC3。

> **提 示**
>
> 若空调器发生室外风扇电机在通电后就中速运转或低速运转的故障时，检修方法和检修步骤不能与高速运转故障相同。

知识4 通信电路

变频空调器的室内机、室外机都单独设置了微处理器电路，只有这两个微处理器电路协调工作，完成控制信号的传输，空调器才能完成制冷、制热等功能。而将室内、室外机电路连接在一起的电路就是通信电路。下面以海信 KFR-2801GW/Bp、KFR-3601GW/Bp 型变频空调器的通信电路为例进行介绍，该机的通信电路由市电供电系统、室内微处理器 IC08、室外微处理器 U02 和光电耦合器 IC01、IC02、PC01、PC02 等元器件构成，如图 9-10 所示。

1. 供电

市电电压通过 R10、R07、R04 限流，再通过 VD04 半波整流，利用 24V 稳压管 ZD01 稳压产生 24V 电压。该电压通过 C01、C03 滤波后，为光电耦合器 IC02 内的光敏管供电。

2. 工作原理

（1）室内发送、室外接收

室内发送、室外接收期间，室外微处理器 U02 的⑩脚输出低电平控制信号，室内微处理器 IC08 的⑨脚输出数据信号（脉冲信号）。U02 的⑩脚的电位为低电平，使光电耦合器 PC02 内的发光管开始发光，PC02 内的光敏管受光照后开始导通。同时，IC08 的⑨脚输出的脉冲信号加到光电耦合器 IC02 的②脚，通过 IC02 进行光电耦合后，从它的 e 极输出脉冲电压。该电压通过 R03、VD01、R01、R02、TH01、R06、VD05 加到 PC02 的④脚。由于 PC02 导通，所以它的④脚输入的数据信号从它的③脚输出，再通过 PC01 的耦合，数据信号从 PC01 的④脚输出后，通过 R23 加到 U02 的⑲脚，U02 接收到 IC08 发来的指令后，就会控制室外机进入需要的工作状态，从而完成室内发送、室外接收控制。

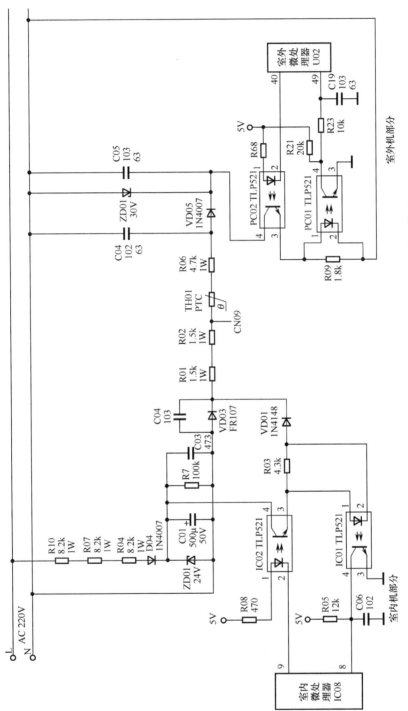

图9-10　海信KFR-2801GW/Bp、KFR-3601GW/Bp型变频空调器的通信电路

（2）室外发送、室内接收

室外发送、室内接收期间，室内微处理器 IC08 的⑨脚输出低电平控制信号，室外微处理器 U02 的㊵脚输出脉冲信号。IC08 的⑨脚电位为低电平时，光电耦合器 IC02 内的发光管开始发光，IC02 内的光敏管受光照后开始导通，从它③脚输出的电压加到 IC01 的①脚，为 IC01 内的发光管供电。同时，U02㊵脚输出的数据信号通过光电耦合器 PC02 的耦合，从 PC02 的④脚输出，再通过 VD05、R06、TH01、R02、R01、VD01 加到 IC01 的②脚，经 IC01 耦合后，从它④脚输出的脉冲信号加到 IC08⑧脚，IC08 接收到 U02 发来的指令后，就会得知室外机组的工作状态，以便做进一步的控制，也就完成了室外发送、室内接收控制。

只有通信电路正常，室内微处理器和室外微处理器进行数据传输后，整机才能工作，否则会进入通信异常保护状态，同时显示屏显示通信异常的故障代码。

3. 通信规则

室内、室外微处理器工作后，室内微处理器（主控微处理器）对室外微处理器（副控微处理器）进行检测，确认正常后，才能进行通信控制。

通常室内微处理器对室外微处理器发出控制信息，室外微处理器接收后进行处理，室外微处理器处理完再延迟 50ms 发出应答信号，只有室内微处理器接收到室外微处理器发出的应答信号，才能执行下一步的控制，如果 500ms 后没有收到应答信号则再次重复发送数据，如果 1min 或 2min（直流变频空调器为 1min，交流变频空调器为 2min）内仍未收到应答信号，则室内微处理器判断室外微处理器异常，会输出通信异常的报警信号。

4. 常见故障检修

通信电路异常不仅会产生整机或室外机不工作、通信报警故障，而且会产生空调器有时工作正常、有时工作不正常，显示通信异常的故障代码。

首先检查室内、室外机的连线是否正确，若不正确，需要重新连接；若连线正确，测滤波电容 C01 两端有无 24V 直流电压，若没有 24V 直流电压，说明通信电路的供电异常。断电后，测 ZD01 两端阻值是否正常，若阻值过小，说明 ZD01 或 C01、C03 击穿；若阻值正常，检查 VD04、R04、R07、R10 是否开路。若 24V 供电正常，开机瞬间测光电耦合器 IC01 的④脚有无脉冲信号输出，若有，检查室内机电路板；若没有，测光电耦合器 PC02 的②脚有无脉冲信号输入，若有，检查 PC02 与 IC01 间电路；若 PC02 的②脚没有脉冲信号输入，检查 U02。若测光电耦合器 PC01 的④脚有无脉冲信号输出，若有，检查 U02；若没有，测 IC02 的②脚有无脉冲信号输入，若没有，检查 IC08；若 IC02②脚有脉冲信号输入，测 PC01 的④脚有无信号输出，若有，检查 U02；若没有，检查 IC02 与 PC01 间电路。

提示

在零线和信号线间电压如果有高低变化，则表明通信正常，否则通信电路有故障。目前，大部分变频空调的室外机都具有单独运行（也称单独启动）功能，通过该功能若能使室外机单独运行，并且室内机也能单独运行（室内风扇旋转），则说明通信电路异常；若哪个不能单独运行，则说明它的电源电路或微处理器电路异常。

变频空调器特有器件的检测技能

变频空调器的特有器件主要有变频压缩机、智能功率模块和电子膨胀阀。

技能 1　变频压缩机的检测

变频压缩机是变频空调器的核心部件，按机械结构的不同，可分为涡旋式和双转子旋转式压缩机两种；按电气结构，可分为交流变频压缩机和直流供电变频压缩机两种。

1. 交流变频压缩机

交流变频压缩机电机和普通柜式空调器采用的三相交流电机的构成基本相同，不同的是它的输入电压是脉冲电压。

2. 直流变频压缩机

直流变频空调器的压缩机采用的是直流变频压缩机。直流变频压缩机电机采用了三相四极直流无刷电机，该电机定子结构与普通三相异步电机相同，但转子结构则截然不同，其转子采用四极永久磁铁。

（1）工作原理

正常运行时变频模块向直流电机定子侧提供直流电流形成磁场，该磁场和转子磁铁相互作用产生电磁转矩。因为转子不需二次电流，所以损耗小，功率因数高，但由于转子采用了永久磁铁，所以成本比交流变频压缩机高。由于无刷电机有互为 120° 的三个绕组 U、V、W（国内习惯用 A、B、C 表示），所以为了使每个绕组都有电流流过，功率放大器采用了三相半桥式放大器，如图 9-11 所示。

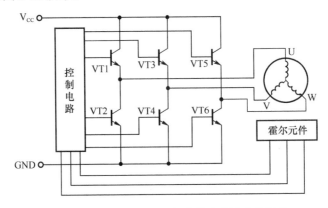

图 9-11　三相导通星形三相六状态直流电机原理

图 9-11 中的三极管 VT1、VT3、VT5 是高端放大器（也称为上桥臂），三极管 VT2、VT4、VT6 是低端放大器（也称为下桥臂）。自 20 世纪 60 年代末开始，功率管从晶闸管（SCR）、门极可关断晶闸管（GTO）、双极型功率晶体管（BJT）、金属氧化物场效应管（MOSFET）、

静电感应晶体管（SIT）、静电感应晶闸管（SITH）、MOS 控制晶体管（MGT）、MOS 控制晶闸管（MCT）发展到现在的绝缘栅双极型晶体管（IGBT）、耐高压绝缘栅双极型晶闸管（HVIGBT）。

当 VT1、VT4 导通时，V_{CC}（300V 电压）通过 VT1、绕组 U 和 V、VT4 构成回路，导通电流从绕组 U 流过绕组 V，流过绕组 U、V 的电流使它们产生磁场驱动转子旋转；当 VT1、VT6 导通时，V_{CC} 通过 VT1、绕组 U 和 W、VT6 构成回路，导通电流从绕组 U 流过绕组 W，流过绕组 U、W 的电流使它们产生磁场驱动转子旋转；当 VT3、VT6 导通时，V_{CC} 通过 VT3、绕组 V 和 W、VT6 构成回路，导通电流从绕组 V 流过绕组 W，流过绕组 V、W 的电流使它们产生磁场驱动转子旋转；当 VT3、VT2 导通时，V_{CC} 通过 VT3、绕组 V 和 U、VT2 构成回路，导通电流从绕组 V 流过绕组 U，流过绕组 V、U 的电流使它们产生磁场驱动转子旋转；当 VT5、VT2 导通时，V_{CC} 通过 VT5、绕组 W 和 U、VT2 构成回路，导通电流从绕组 W 流过绕组 U，流过绕组 W、U 的电流使它们产生磁场驱动转子旋转；VT5、VT4 导通时，V_{CC} 通过 VT5、绕组 W 和 V、VT4 构成回路，流过绕组 W、V 的电流使它们产生磁场驱动转子旋转。

⚡ 注意

　一个半桥的两个功率管（如 VT1、VT2）不能同时导通，否则会导致电源短路。

（2）电子换向（相）

为了保证直流无刷电机的平稳运行，需要对转子的磁极位置进行精确检测，并用电子开关（功率管）切换不同绕组的供电方式以获得持续向前的动力。早期，位置检测是在电机内部设置霍尔元件型位置传感器，利用它产生的相位信号来实现；近年来，位置检测是通过检测直流无刷电机中未通电绕组产生的感应电压来实现的。因为这种检测方法取消了位置传感器，所以不仅结构简单，而且提高了电机使用寿命。因此，变频空调器的压缩机电机几乎都采用后一种方法进行换向（相）。

（3）无级调速

由于使用直流电源，电机的速度得依靠调节加在电机两端的电压来调整，较简单的办法是使用 PWM 脉冲来调节加到电机两端的电压。PWM 脉冲的占空比达到最大时，加到电机两端的电压最大，电机转速最高，而 PWM 脉冲的占空比由 CPU 输出的调速信号控制。CPU 输出的调速信号又受温度调节信号和温度传感器产生的温度检测信号的控制。

▶ 3. 典型故障检修

压缩机异常后产生的典型故障：一是压缩机不运转，显示压缩机过流/过热故障代码；二是压缩机不运转，显示智能功率模块（IPM）异常的故障代码；三是压缩机不运转，显示负载电流大故障代码；四是噪声大；五是产生制冷效果差。

变频压缩机的检测和普通空调器采用的压缩机检测方法基本相同，但在测量压缩机电机绕组阻值时，需要注意它的三个绕组的阻值是完全相同的。

技能 2　智能功率模块（IPM）

IPM 是英文 Intelligent Power Module 的缩写，译为智能功率模块。典型 IPM 以 IGBT（绝

缘栅双极型晶体管）、HVIGBT（耐高压绝缘栅双极型晶闸管）为功率管，结合驱动电路、保护电路等构成，如图 9-12（a）所示。当然，不同型号的 IPM，其内部具有的功能会有所不同。图 9-12（b）是 80DC01SPDU 模块的实物图，该模块上不仅有功率管及其驱动电路，而且还设置了低压电源电路，不仅可以满足 IMP 模块驱动电路供电需要，而且通过连接器为室外机电路板提供 12V 和 5V 直流工作电压。

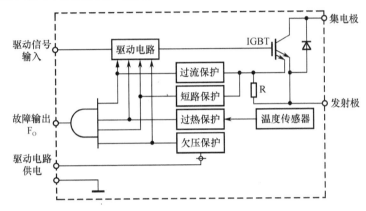

（a）构成方框图

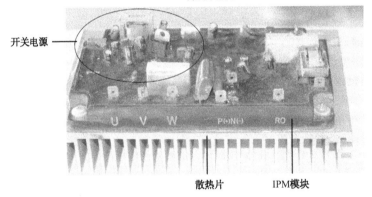

（b）实物外形

图 9-12　典型的 IPM

▶ 1. IPM 的特点

变频空调器采用的 IPM 一般具有以下特点。

一是集成度高。IPM 作为功率集成电路产品，使用表面贴装技术将三相桥臂的 6 个 IGBT 型功率管及其控制电路、保护电路集成在一个模块内，具有体积小、功能多、可靠性高、价格便宜等优点。

二是保护功能完善。目前，变频空调器采用的 IPM 都具有过流（OC）保护、短路（SC）保护、驱动电路供电欠压（UV）保护、过热（OH）保护功能。过热保护功能是为了防止 IGBT、续流二极管过热损坏。

三是内含故障保护信号输出（ALM）电路。ALM 电路是向外部输出故障报警的一种功能电路，当 IPM 过热、下桥臂过流以及驱动电路的供电欠压保护电路动作时，通过向室外微处理器输出异常信号，使室外微处理器能及时停止系统，实现保护，以免故障扩大。

2. IPM 的主要参数

为了保证 IPM 长期安全、可靠地工作，选择和使用 IPM 时，应当根据系统实际情况对 IPM 的几个参数进行正确选择。

（1）IGBT 的最大耐压值 V_{CES}

最大耐压值应按略大于直流电压的 2 倍选择，如直流电压为 300V，则要求 IPM 的 IGBT 的耐压值为 600V 以上。

（2）IGBT 的额定电流值 I_C 及集电极（c 极）峰值电流 I_{cP}

I_{cP} 应根据电机的峰值电流而定，而电机的峰值电流与电机的额定功率、效率、线电压以及功率因数有关。

（3）IGBT 的开关频率 f_{PWM}

尽可能选择开关频率高一些的 IGBT。

（4）IPM 的最小死区时间 t_{dead}

激励信号的死区时间不能小于模块的最小死区时间 t_{dead}。

除了上述主要参数以外，还有其他一些参数也需要考虑，如 IGBT 的最大结温 t_j 等。为了确保 IGBT 能够长时间正常工作，必须通过散热片或风扇为 IPM 散热。

3. IPM 输出电压的调整方式

近年来，为了进一步提高变频模块的工作效率，变频空调器逐步从单纯的 PWM 控制改为 PWM+PAM 混合控制方式，即较低速时采用 PWM 控制，保持电压/频率（V/f）为一定值；当转速大于一定值后，将调制度固定在最大值附近，通过改变直流斩波器的导通占空比的大小，提高变频模块的输入直流电压值，从而保持变频模块输出电压和转速成比例，这一区域称为 PAM 区。采用混合控制方式后，变频模块的输入功率因数、电机效率、装置综合效率都比单独采用 PWA 技术的空调器有较大幅度的提高。

4. IPM 的检测

IPM 检测的主要方法有直观检查法、电压测量法、电阻测量法和代换法 4 种。若采用示波器测量它的输出端信号波形效果会更好。下面以 80DC01SPDU 模块为例介绍功率管的检测方法，测量方法与步骤如图 9-13 所示。

第一步，将数字万用表置于二极管挡（PN 结压降测量挡），测量 300V 供电端子与地间的正向导通压降为 0.403V，反向导通压降为无穷大（显示的数字为 1），如图 9-13（a）所示。

第二步，将数字万用表置于二极管挡，测量 U、V、W 三个输出端子与 300V 供电端子 P+间的正向导通压降为 0.448V，反向导通压降为无穷大（显示的数字为 1），如图 9-13（b）所示。

第三步，将数字万用表置于二极管挡，测量 U、V、W 三个输出端子与接地端子 P-间的正向导通压降为 0.448V，反向导通压降为无穷大（显示的数字为 1），如图 9-13（c）所示。

若以上测量的导通压降为 0 或过小，说明功率管击穿或漏电；若正、反向都为无穷大，说明功率管开路或内部线路开路。

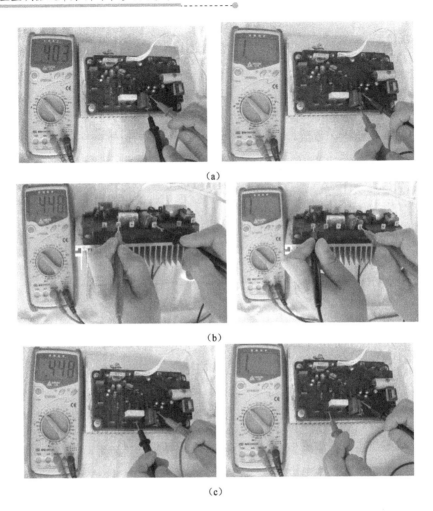

图 9-13   80DC01SPDU 模块的检测

技能 3   电子膨胀阀的检测

1. 构成与工作原理

电子膨胀阀主要由步进电机和针形阀组成。针形阀由阀杆、阀针和节流孔组成。电子膨胀阀的内部构成和实物外形如图 9-14 所示。步进电机运转后改变针形阀开启度，使制冷剂流量根据空调器工作状态自动调节，提高了蒸发器的工作效率，保证空调器实现最佳的制冷效果。

图 9-15 所示的是电子膨胀阀的自动控制电路。传感器（负温度系数热敏电阻）对蒸发器出口管温度进行检测，产生的检测信号被微处理器（单片机）识别，输出相应序列的运转指令，通过驱动电路放大后，为电子膨胀阀上驱动电机（步进电机）的定子线圈供电，使线圈产生磁场驱动转子正转或反转。而电机转速由微处理器输出脉冲频率来决定，频率越高转速越快。当蒸发器出口管的温度升高，被传感器检测后提供给微处理器，微处理器控制电机反转，带动阀杆和阀针向上移动，节流孔增大，制冷剂的流量按比例增加；当蒸发器出口管的温度降低，被传感器检测后提供给微处理器，微处理器控制电机正转，带动阀杆和阀针向下

移动，节流孔变小，制冷剂的流量按比例减小。这样，根据空调器制冷（热）效果来调节制冷剂的流量，进而调节冷凝器和蒸发器压差比，提高了蒸发器的工作效率，实现制冷（热）最佳效果的自动控制。

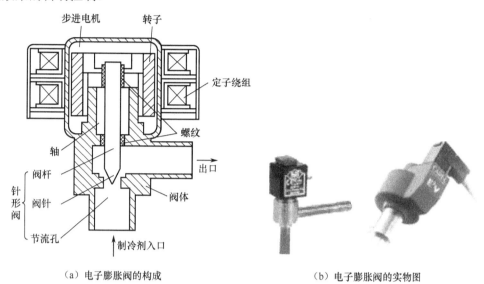

（a）电子膨胀阀的构成　　　　　　　　　　（b）电子膨胀阀的实物图

图 9-14　电子膨胀阀的内部构成与实物图

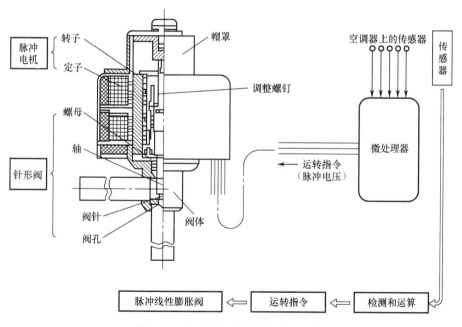

图 9-15　电子膨胀阀的自动控制电路

2. 典型故障检修

电子膨胀阀异常后引起制冷剂泄漏或堵塞，产生不制冷或制冷效果差的故障。

检修电子膨胀阀异常引起制冷效果差的故障时，先检查传感器是否正常，若不正常，维修或更换即可；若正常，再检修膨胀阀。此时，听膨胀阀能否发出"咔咔"的声音，若能，说明膨胀阀的阀芯被杂物卡住，清理杂物或更换膨胀阀即可；若没有"咔咔"声，用万用表电阻挡测电子膨胀阀驱动电机的线圈阻值，判断线圈是否正常，比如，海尔 KFR-25GW×2/BFP 变频空调的电子膨胀阀的红-橙、红-白、棕-蓝、棕-黄线间的阻值为 56Ω，而橙-白、蓝-黄线间的阻值为 112Ω，若阻值异常，则说明电机的线圈异常，需要更换膨胀阀电机或膨胀阀。若电机线圈的阻值正常，则检查驱动电路和微处理器电路。当然，也可以通过测量膨胀阀驱动电机的供电电压来确认故障部位，若电压正常，需要更换膨胀阀电机或膨胀阀；若电压不正常，检查驱动电路和微处理器电路。

> **提 示**
>
> 电子膨胀阀进气口的过滤网脏或杂物过多引起堵塞时，可用酒精将它清洗干净后继续使用。

 变频空调器控制模式

变频空调器的控制模式与普通空调器的控制模式有一定的区别，了解变频空调器的控制模式对维修工作有一定的帮助，下面以海信 1.2 匹变频空调器为例进行介绍。

知识1 基本运行模式

1. 自动运行模式

用遥控器将空调器的运行模式设置为自动运行模式后，空调器的微处理器根据室内温度传感器检测到的温度来确定自动控制空调器是工作在制冷模式，还是制热模式。当室内温度高于设定的温度时，进入制冷模式；当室内温度低于设定温度时，进入制热模式。工作模式确定后，30min 内不可切换。如果室内温度与设定温度相差 3℃，则会立即转换工作模式。

2. 制冷运行模式

空调器进入制冷运行模式后，温度由遥控器进行调节。而室内风扇转速设置在自动状态时，室内风扇电机转速如表 9-2 所示，室外风扇电机转速如表 9-3 所示。

表 9-2 自动状态下室内风扇电机转速与温度的关系

$t_{设定}-t_{室内}$ /℃	室内风扇电机转速	$t_{设定}-t_{室内}$ /℃	室内风扇电机转速
0	停止	0	停止
−1	低	1	低
−2	低	2	低
−3	低	3	低
−4	低	4	高
≤−5	高	≥5	高

表9-3 自动状态下室外风扇电机转速与温度的关系

室外温度/℃	≥28	≤28		
		$t_{室外盘管}$≥40	$t_{室外盘管}$<35	$t_{室外盘管}$<30
室外风扇电机转速	高速	高速	中速	低速

📖 方法与技巧

为了便于维修变频空调器，变频空调器通常具有标准实验制冷模式。进入方法是：连续超过6次按遥控器的"高效"键，就可以进入标准实验制冷模式。进入该模式后，压缩机的工作频率固定不变，室内风扇电机、室外风扇电机的转速都为高速。进入该模式后，若微处理器连续4s检测到室内盘管温度低于−1℃，会控制压缩机停止工作，并通过显示屏或指示灯提示室内盘管冻结或过冷。

▶ 3. 制热运行模式

空调器进入制热运行模式后，温度由遥控器进行调节。制热模式下，有防冷风功能，所以室外机刚开始工作时，室内风扇电机不转，当室内盘管温度超过28℃时，室内风扇电机开始以微风运转，风门叶片处于1的位置；当室内盘管温度超过38℃时，室内风扇电机进入设定风速的运转状态，风门叶片处于设定位置。当室内盘管温度超过56℃，但低于60℃时，压缩机工作在降频状态；当室内盘管温度超过60℃，但低于70℃时，压缩机工作在低频状态，室外风扇电机处于低速运转状态；当室内盘管温度超过70℃后，压缩机停转，进入保温状态。压缩机停转后，微处理器经100s延时，切断四通阀线圈的供电，延时40s使室内风扇电机停转，将热交换器上的热量全部吹出。制热状态下，室内风扇电机转速如表9-4所示，室外风扇电机转速如表9-5所示。

表9-4 制热状态下室内风扇电机转速与温度的关系

$t_{设定}-t_{室内}$ /℃	室内风扇电机转速	$t_{设定}-t_{室内}$ /℃	室内风扇电机转速
−1	低	1	低
−2	中	2	低
−3	中	3	中
−4	中	4	中
−5	高	5	中
≤−6	高	≥6	高

表9-5 制热状态下室外风扇电机转速与温度的关系

室外温度/℃	<10	10≤$t_{室外}$≤15	>24
室外风扇电机转速	高速	中速	低速

▶ 4. 除湿运行模式

空调器进入除湿运行模式后，温度由遥控器进行调节。在除湿模式下，根据室内温度与设定温度的差值决定运行方式。当室内温度高于设定温度 2℃ 时，空调器按制冷模式运转；当室内温度与设定温度的差值不足 2℃ 时，空调器按除湿模式运转。除湿运转期间，压缩机按低频运转 10min 和高频运转 6min 的周期工作。除湿期间，室外风扇电机转速如表 9-6 所示。

表 9-6 除湿状态下室外风扇电机转速与温度的关系

室外温度/℃	≥28	≤28		
		$t_{室外盘管}≥40$	$t_{室外盘管}<35$	$t_{室外盘管}<28$
室外风扇电机转速	高速	高速	中速	低速

5. 除霜运行模式

当空调器在制热运行模式下连续工作时间超过 30min，并且室外环境温度比室外热交换器的温度高 7℃ 的时间超过 5min，被微处理器检测后空调器将转入除霜运行模式。除霜过程如下：

压缩机、室外风扇电机停转 50s 后，切断四通阀线圈的供电，使系统工作在制冷状态，5s 后控制压缩机运转，开始化霜。当压缩机运行时间超过 6min 或室外热交换器表面的温度超过 12℃ 时，使压缩机停转，30s 后为四通阀的线圈供电，使系统工作在制热状态，5s 后启动压缩机运转，3s 后室外风扇电机运转，至此，除霜结束。

6. 通风运行模式

当空调器进入通风运行模式后，只有室内风扇电机和风门以设定方式运行，如果风速设定为自动方式，则室内风扇电机会工作在低速的运转状态。

知识 2　保护模式

因变频空调器的微处理器功能更加强大，所以变频空调器的保护功能更加完善。下面介绍室内热交换器防冻结保护、室内热交换器过热保护、压缩机排气管过热保护、压缩机过流保护、市电异常保护等模式。

1. 室内热交换器防冻结保护

制冷状态下，若室内风扇转速慢或室内空气过滤器脏，使室内热交换器无法吸收足够的热量，它内部的制冷剂不能汽化，不仅会降低制冷效果，甚至可能会导致压缩机因液击而损坏，所以变频空调器都具有室内热交换器防冻结保护模式。

制冷期间，若室内热交换器表面出现冻结，使室内盘管的温度低于 7℃，但高于 5℃ 时，禁止压缩机升频运转；当盘管温度低于 5℃，但高于 −1℃ 时，压缩机降频运转；当盘管温度低于 −1℃ 时，微处理器发出指令使压缩机停转，并通过显示屏、指示灯或蜂鸣器报警。

2. 室内热交换器过热保护

制热状态下，若室内风扇转速慢或室内空气过滤器脏，使室内盘管（热交换器）产生的热量无法散出去，它表面的温度会升高，不仅会降低制热效果，甚至可能会导致部分器件过热损坏，所以变频空调器都具有室内热交换器过热保护模式。当室内盘管温度超过 56℃，但低于 60℃时，禁止压缩机升频运转；当室内盘管温度超过 60℃，但低于 70℃时，压缩机降频运转，室外风扇电机处于低速运转状态；当室内盘管温度超过 70℃后，压缩机停转，进入室内热交换器过热或过载保护状态，实现室内热交换器过热保护。

3. 压缩机排气管过热保护

当压缩机排气管的温度达到 104℃后，压缩机降频运转；当压缩机排气管的温度达到 110℃时，微处理器输出控制信号使压缩机停机保护。

4. 压缩机过流保护

为了防止压缩机的运行电流过大，给压缩机电机绕组带来危害，变频空调器都具有压缩机过流保护功能。

当压缩机的运行电流达到 10A 时，微处理器输出控制信号使压缩机降频运转；当压缩机的运行电流达到 12A 后，微处理器输出保护信号使压缩机停转；当电流小于 9A 后，解除电流保护状态。

5. 市电异常保护

大部分变频空调器通常可工作的市电范围是 160～260V（有的可达到 145～270V），若市电超过这个范围，可能会导致 IPM、压缩机等器件工作异常，甚至损坏，所以变频空调器都具有市电异常保护功能。

当市电低于 160V 或高于 260V 时，被市电异常检测电路检测后，该电路为微处理器提供市电异常的检测信号，微处理器输出控制信号使空调器停止工作，实现市电异常保护。

任务5 海尔 KFR-26/35GW/CA 型变频空调电路故障检修

海尔 KFR-26/35GW/CA 型变频空调器的控制电路由室内机电路、室外机电路、室内/室外机通信电路、制冷/制热电路等构成。

知识1 室内机电路

室内机电路由电源电路、温度检测电路、显示电路、室内风扇电机电路等构成，电气接线图如图 9-16 所示，电路原理图如图 9-17 所示。

1. 微处理器 MB89F202 的引脚功能

该机室内机电路板以微处理器 MB89F202（A）为核心构成，所以熟悉它的引脚功能是分析室内电路板工作原理和故障检修的基础。MB89F202 的引脚功能如表 9-7 所示。

2. 电源电路

室内机的电源电路采用变压器降压式直流稳压电源电路。该电源主要由变压器、稳压器 IC6（7805）为核心构成，如图 9-16、图 9-17 所示。

插好空调器的电源线后，220V 市电电压通过熔断器（保险管）FUSE1 输入，利用 CX1 滤除市电电网中的高频干扰脉冲后，通过变压器降压产生 12V 左右的交流电压，经 VD6～VD9 组成的桥式整流堆整流产生脉动电压。该电压不仅送到市电过零检测电路，而且通过 VD5 隔离降压，再利用 E5、C16 滤波产生 12V 左右的直流电压。12V 电压不仅为电磁继电器、驱动块等电路供电，而且利用 IC6 稳压输出 5V 电压。5V 电压利用 E6、C17 滤波后，为微处理器、存储器、复位电路、温度检测电路等供电。

市电输入回路并联的 RV1 是压敏电阻，用于市电过压保护。当市电电压正常时 RV1 相对于开路，不影响电路正常工作。一旦市电异常时 RV1 击穿短路，使 FUSE1 过流熔断，切断市电输入回路，以免 CX1、电源变压器等元器件过压损坏。

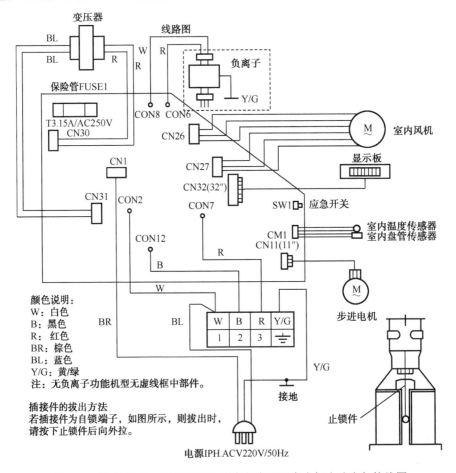

图 9-16　海尔 KFR-26/35GW/CA 型变频空调器室内机电路电气接线图

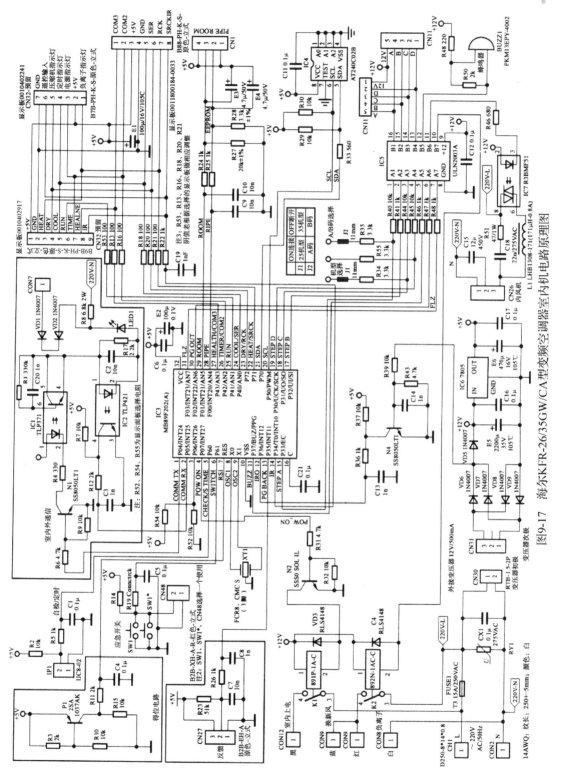

图9-17 海尔KFR-26/35GW/CA型变频空调器室内机电路原理图

表 9-7 室内微处理器 MB89F202（A）的引脚功能

引脚号	名称	功能	引脚号	名称	功能
1	COMM TX1	室内外通信信号输出	17	STEP B	步进电机驱动信号 B 输出
2	COMM RX2	室内外通信信号输入	18	STEP C	步进电机驱动信号 C 输出
3	P06	面板选择 2	19	STEP D	步进电机驱动信号 D 输出
4	POW ON	室外机供电控制信号输出	20	SCL	I^2C 总线时钟信号输出
5	CHECK/S TIME	自检信号输入/缩时控制信号输入	21	SDA	I^2C 总线数据信号输入/输出
6	SWITCH	应急开关控制信号输入	22	HEAT/SRCK	显示屏/负离子示灯信号输出
7	RST	复位信号输入	23	DRY/RCK	显示屏/压缩机指示灯信号输出
8	OSC1	晶振	24	COOL/SER	显示屏/定时指示灯控制输出
9	OSC2	晶振	25	RUN	运行指示灯控制信号输出
10	VSS	接地	26	TIMER/COM2	显示屏/电源指示灯控制信号输出
11	BUZZ	蜂鸣器驱动信号输出	27	HEALTH/COM3	加热控制信号输出
12	IRQ	市电过零检测信号输入	28	PIPE	室内盘管温度检测信号输入
13	PG BACK	室内风扇电机相位检测信号输入	29	ROOM	室内环境温度检测信号输入
14	IR	遥控信号输入	30	PG OUT	室内风扇电机驱动信号输出
15	STEP A	步进电机驱动信号 A 输出	31	FLZ	负离子供电控制信号输出
16	C	滤波	32	VCC	供电

3. 市电过零检测电路

市电过零检测电路由整流电路和放大管 N4 为核心构成。由整流管 VD6～VD9 输出的脉动电压经 R39、R43 分压限流，利用 C14 滤除高频干扰脉冲，再经放大管 N4 倒相大产生 100Hz 交流信号。该信号作为基准信号通过 R36、C13 低通滤波后，加到微处理器 IC3 的⑫脚。IC3 对⑫脚输入的信号检测后，输出的驱动信号使固态继电器 IC7 内的双向晶闸管在市电过零点处导通，从而避免了它在导通瞬间可能因导通损耗大损坏，实现晶闸管导通的同步控制。

4. 微处理器基本工作条件

微处理器 IC3 正常工作需具备 5V 供电、复位、时钟信号正常的三个基本条件。

（1）5V 供电

插好该机的电源线，待室内机电源电路工作后，由其输出的 5V 电压经 E2、C6 滤波后，加到微处理器 IC3 的供电端㉜脚和存储器 IC4 的⑧脚，为它们供电。

（2）时钟振荡

IC3 得到供电后，它内部的振荡器与⑧、⑨脚外接的晶振 XT1 通过振荡产生 8MHz 的时钟信号。该信号经分频后协调各部位的工作，并作为 IC3 输出各种控制信号的基准脉冲源。

（3）复位

复位信号由三极管 P1 和电阻 R3、R10 组成的复位电路产生。开机瞬间，由于 5V 电源在滤波电容的作用下是逐渐升高。当该电源低于 3.6V 时，P1 截止，微处理器 IC3 的⑦脚输入低电平信号，使它内部的只读存储器、寄存器等电路清零复位。当5V电源超过3.6V后，P1导通，从它c极输出电压经R11限流，C4滤波后加到IC3的⑦脚，使IC3内部电路复位结束，开始工作。

5. 存储器电路

由于该机不仅需要存储与温度相对应的电压数据，还要存储室内风扇转速、故障代码、压缩机F/V控制、显示屏亮度等信息，所以需要设置电可擦写存储器（E²PROM）IC4。下面以调整室内风扇电机转速为例介绍它的储存功能。

进行室内风扇电机转速调整时，微处理器IC3通过I²C总线从存储器IC4内读取数据后，改变室内风扇电机驱动信号的占空比，也就改变了室内电机供电电压的高低，从而实现电机转速的调整。

6. 遥控操作

遥控操作电路由遥控器、遥控接收组件（接收头）和微处理器共同构成。微处理器IC3的⑭脚是遥控信号输入端，CN32的⑧脚外接遥控接收头。用遥控器对该机进行温度高低、风速大小等调节时，接收头将红外信号进行解调、放大后产生数据控制信号。该信号从CN32的⑧脚输入，通过R22限流，C19滤波，加到IC3的⑭脚，经IC3内部电路识别到遥控器的操作信息后，它就会输出指令，不仅控制机组进入用户所需要的工作状态，而且控制显示屏显示该机的工作状态等信息，同时IC3的⑪脚还输出蜂鸣器驱动信号，该信号通过R46加到驱动块IC5的⑤脚，经它内部的非门倒相放大后，从它的⑫脚输出，驱动蜂鸣器BUZZ1鸣叫，表明操作信号已被IC3接收。

7. 应急开关控制功能

由于该机的微处理器IC4不仅功能强大，而且外置了储存量大的存储器IC4，所以该机的应急开关的功能也不再是单一的开机功能。它的主要功能如下。

一是停机时，按应急开关不足5秒，该机就开始应急运转。

二是停机时，连续按应急开关5～10秒，该机开始试运转。

三是停机时，连续按应急开关10～15秒，开始工作并显示上一次故障的方式。

四是按应急开关超过15秒，可以接收遥控信号。

五是运转过程中，按应急开关时，该机停机。

六是出现异常情况后，按应急开关时停机，并解除异常情况。

七是故障提示中按应急开关时，会解除故障提示。

8. 室内风扇电机电路

室内风扇电机电路由室内微处理器IC3、固态继电器IC7、运行电容C15、风扇电机等元件构成。室内风扇电机的速度调整有手动调节和自动调节两种方式。

（1）手动调节

当用户通过遥控器降低风速时，遥控器发出的信号被微处理器IC3识别后，使其⑩脚输出的控制信号的占空比减小，通过R47加到IC5的⑥脚，经它内部的非门倒相放大，再经

R49 为固态继电器 IC7 内发光管提供的导通电流减小，发光管发光变弱，使双向晶闸管导通程度减小，为室内风扇电机提供的交流电压减小，室内风扇电机转速下降。反之，控制过程相反。

（2）自动控制方式

温度控制方式是该机室内温度传感器、室内盘管温度传感器检测到的温度来实现的。该电路由微处理器 IC3、室内温度传感器、室内盘管温度传感器、连接器 CN1 等元件构成。室内温度传感器、室内盘管温度传感器是负温度系数热敏电阻。下面以制热时的风速控制为例进行介绍。

制热初期，室内热交换器（盘管）温度较低，被室内盘管温度传感器检测后，它的阻值较大，5V 电压通过该传感器、R28 取样后的电压较小，经 C9 滤波后，为微处理器 IC3 的㉘脚提供的电压较小，被 IC3 识别后，它的㉚脚不能输出室内风扇电机驱动信号，室内风扇微转停转，以免为室内吹冷风。随着制热的进行，室内盘管温度逐渐升高，当室内热交换器的温度达到设置值，使 IC3 的㉘脚输入的电压升高到设置值后，IC3 的㉚脚输出驱动信号，驱动室内风扇电机运转，并且㉚脚输出的驱动信号的占空比大小还受㉘脚输入电压高低的控制，实现制热期间的室内风扇转速的自动控制。

当室内热交换器的温度低于 35.2℃时，室内风扇电机以微弱风速运行；室内热交换器的温度在 35.2～37℃时，室内风扇电机以弱风速运行；当室内热交换器的温度超过 37℃后，室内风扇电机按设定风速运行。

（3）电机旋转异常保护

当室内风扇电机旋转后，它内部的霍尔传感器就会输出相位正常的检测信号，即 PG 脉冲信号。该脉冲信号通过连接器 CN27 的②脚输入到室内电路板，利用 R26 限流，C18 滤波后加到微处理器 IC3 的⑬脚。当 IC3 的⑬脚有正常的 PG 脉冲信号输入，IC3 就会判断室内风扇电机正常，继续输出驱动信号使其运转。当室内风扇电机旋转异常或检测电路异常，导致 IC3 的⑬脚不能输入正常的 PG 脉冲信号，IC3 就会判断室内风扇电机异常，发出指令使该机停止工作，并通过显示屏显示故障代码 E14，提醒该机进入室内风扇电机异常保护状态。

▶ 9. 导风电路

该机导风电路由步进电机、驱动块 IC5 和微处理器 IC3 构成。在室内风扇电机旋转的情况下，使用导风功能时，IC3 的⑮、⑰～⑲脚输出的激励脉冲信号经 R40～R43 加到 IC5 的①～④脚，分别经它内部的 4 个非门倒相放大后，从 IC5 的⑯～⑬脚输出，再经连接器 CN11 输出给步进电机的绕组，使步进电机旋转，带动室内机上的风叶摆动，实现大角度、多方向送风。

▶ 10. 空气清新电路

空气清新电路由室内微处理器 IC3、负离子放大器、继电器 K2 及其驱动电路构成。

需要对空气进行清新，IC3㉛脚输出高电平控制信号，该信号经 R38 加到驱动块 IC5 的⑦脚，经它内部的非门倒相放大后，为继电器 K2 的线圈提供导通电流，使 K2 的触点闭合，此时市电电压通过 CON6、CON9 为负离子发生器供电，使它开始工作。负离子发生器工作后，产生的臭氧对室内空气进行消毒净化，实现空气清新的目的。

若 IC3 的㉛脚电位为低电平后，K2 的触点释放，切断负离子发生器的供电回路，空气清新功能结束。

11. 室外机供电控制电路

室外机供电电路由室内微处理器 IC3、继电器 K1、放大管 N2 等构成。当 IC3 工作后，从它④脚输出室外机供电的高电平控制信号经 R31 限流，再经 N2 倒相放大，使 K1 内的触点闭合，接通室外机的供电线路，为室外机供电。

知识2 室外机电路

室外机电路由电源电路、温度检测电路、室外风扇电机驱动电路、压缩机驱动电路等构成，电气接线图如图 9-18 所示，电路原理图如图 9-19 所示。

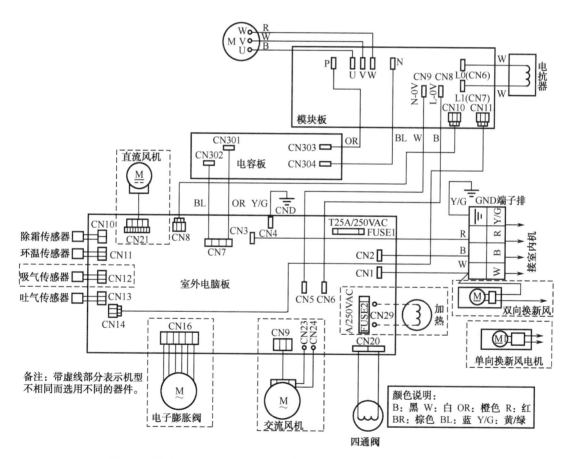

图 9-18 海尔 KFR-26/35GW/CA 型变频空调器室外机电路电气接线图

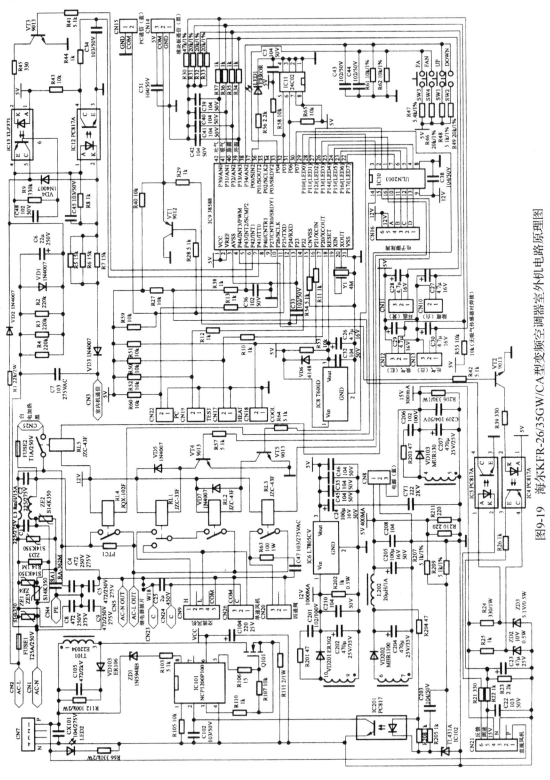

图9-19　海尔KFR-26/35GW/CA型变频空调器室外机电路原理图

1. 室外微处理器的引脚功能

该机室外机电路板以微处理器 IC9 为核心构成，所以熟悉它的引脚功能是分析室外电路板工作原理和故障检修的基础。IC9 的引脚功能如表 9-8 所示。

表 9-8　室外微处理器 IC9 的引脚功能

引 脚 号	功　　能	引 脚 号	功　　能
1	供电	22	电子膨胀阀驱动信号 A 输出
2	参考电压	23	电子膨胀阀驱动信号 B 输出
3	模拟电路接地	24	电子膨胀阀驱动信号 C 输出
4	室外风扇电机驱动信号输出	25	电子膨胀阀驱动信号 D 输出
5	室外风扇电机检测信号输入	26	模块板供电/PTC 限流电阻控制信号输出
6	室外通信信号输出	27	电加热器供电控制信号输出
7	室内通信信号输入	28	四通换向阀供电控制信号输出
8、9	悬空	29	双速交流电机供电控制信号输出
10	悬空	30	双速交流电机转速控制信号输出
11	与模块板的 SCLK 通信信号	31	I^2C 总线时钟信号输出
12	与模块板的 TXD 通信信号	32	I^2C 总线数据信号输入/输出
13	与模块板的 RXD 通信信号	33	操作信号输入
14	接地	34～36	悬空
15	测试信号输入	37	指示灯控制信号输出
16	通过电阻接地	38	操作信号输入
17	通过 R11 接 CN18	39	室外环境温度检测信号输入
18	通过 R10 接 CN17	40	除霜温度检测信号输入
19	复位信号输入	41	压缩机吸气温度检测信号输入
20	时钟振荡器输入	42	压缩机吐气（排气）温度检测信号输入
21	时钟振荡器输出		

2. 供电电路

300V 供电电路由限流电阻 PTC、桥式整流堆和滤波电容（图中未画出）构成，如图 9-16、图 9-15 所示。

市电电压通过 PTC 限流后，一路通过继电器为交流风扇电机、四通阀的线圈供电；另一路通过 CN5、CN6 进入模块板（压缩机驱动电路板），通过该板上的整流、滤波电路（图中未画出）变换为 300V 直流电压。300V 电压不仅为功率模块供电，而且为通过 CN7 返回到室外电路板。该电压第一路通过 R66 限流，使 LED2 发光，表明 300V 供电已输入；第二路为直流风扇电机供电；第三路为开关电源供电。

3. 限流电阻及其控制电路

由于 300V 供电电路的滤波电容的容量较大，它在充电初期会产生较大的冲击电流，不仅容易导致整流堆、熔断器等元件过流损坏，而且还会污染电网，所以需要通过限流电阻对冲击大电流进行抑制。但是，电容充电结束后，限流电阻不仅因长期过热而损坏，而且它阻值增大后会导致300V供电大幅度下降，影响IPM等电路的正常工作。因此，还需要设置限流电阻控制电路。

　　该机通过正温度系数热敏电阻PTC1对300V供电滤波电容充电产生的大电流进行抑制，当室外机微处理器电路工作后,室外微处理器IC9的㉖脚输出的高电平控制信号经IC10(①)、⑭脚内的非门倒相放大后，为RL4的线圈提供导通电流，使RL4内的触点闭合，将限流电阻PCT1短接，取代PTC1为模块板供电，实现限流电阻控制。

4. 开关电源

　　该机室外机电源采用电流控制型芯片 NCP1200P100（IC101）为核心构成的开关电源。NCP1200P100 是 NCP1200 系列产品中的一种，NCP1200 系列产品是美国安森美半导体公司生产的新型脉宽调制控制器，它有 SOIC－8 和 PDIP－8 两种封装结构，如图 9-20 所示。它内部由除集成振荡器、脉冲宽度调制器、误差放大器、时钟发生器、延迟 250ns 的前沿消隐、欠压锁定高低稳压器、输出放大器等构成，如图 9-21 所示，它的引脚功能如表 9-9 所示。采用 NCP1200 构成的开关电源主要特点如下。

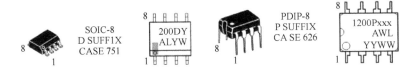

图 9-20　NCP1200 的实物示意图

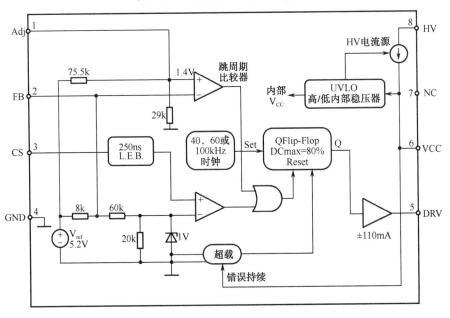

图 9-21　NCP1200 内部构成方框图

　　一是采用了甚高压直接供电启动方式；二是内部集成了时钟电路，工作频率可在40/60/100kHz 中选择，从而使外接元件大大减少；三是在大的峰值电流时并不跳周期，而是等到峰值电流降到用户可调的最大限制的 1/3 以下时才发生跳周期，确保变压器不会产生噪声；四是开关电源在正常负载下具有较高的工作效率，在输出功率较小时，采用跳过一些不需要周期的方法减轻了电源在轻负载时的功耗；五是能够持续监视负载的工作状态，发现负载短路时，能及时减少输出功率，对整个电路进行保护，并且短路现象消失后，控制器就可以恢复正常工作。

表9-9 NCP1200P100 的引脚功能

脚　位	脚　名	功　　能	脚　位	脚　名	功　　能
1	Adj	跳峰值电流调整	5	DRV	开关管激励信号输出
2	FB	稳压反馈信号输入	6	VCC	工作电压输入，过压、欠压检测
3	CS	初级电流检测信号输入	7	NC	空脚
4	GND	接地	8	HV	启动电压输入

（1）功率变换

CN7 输入的 300V 直流电压经 CX101 滤波后，一路通过开关变压器 T101 的初级绕组（1-2绕组）加到开关管 Q101 的 D 极，为它供电；另一路通过稳压管 ZD1、R103 降压限流，加到IC101 的⑧脚，为 IC101 提供启动电压。此时，IC101⑧脚内的 7mA 高压恒流源开始为⑥脚外接的 C104 充电。当 C104 两端电压达到 11.4V 后，IC101 内部的电源电路开始工作，由它输出的电压为振荡器等电路供电，振荡器工作后产生 100kHz 振荡脉冲，该脉冲控制 PWM 电路产生激励脉冲，再经放大器放大后从⑤脚输出，利用 R106 限流驱动 Q101 工作在开关状态。Q101 导通期间，T101 存储能量；Q101 截止期间，T101 的次级绕组输出的电压经整流、滤波后产生的直流电压，为它们的负载供电。

为了防止 Q101 在截止瞬间过压损坏，该电源设置了 D102、C105 和 R106 构成尖峰脉冲吸收回路。

（2）稳压控制

当市电升高或负载变轻引起开关电源输出的电压升高时，C204 两端升高的电压通过R204 限流为光耦 IC201①脚提供的电压升高，同时 C205 两端升高的电压通过 R207、R209取样后的电压高于 2.5V，经 IC102 比较放大后，使 IC201 的②脚电位下降。此时，IC201 内的发光管因导通电压增大而发光强度加强，使 IC201 内的光敏管导通加强，将 IC101 的②脚电位拉低，被 IC101 内的跳周期比较器等控制电路处理后，使它⑤脚输出的激励脉冲的占空比减小，开关管 Q101 导通时间缩短，T101 存储能量减小，输出端电压下降到规定值。当输出端电压因市电下降或负载变重下降时，稳压控制过程相反。

（3）欠压保护

IC101 初始启动期间，若它的⑥脚电压低于 11.4V（典型值）时不能启动；IC101 启动后，若⑥脚电压低于 9.8V 后停止工作，从而避免了开关管 Q101 因激励不足而损坏。IC101 停止工作后，若 C104 两端电压低于 6.3V（典型值），IC101 内的恒流源会再次为 C104 充电，当C104 两端电压超过 11.4V，IC101 会重新进入启动状态，所以进入该保护状态后，开关变压器 T101 会发出高频叫声。

（4）过流保护

开关管 Q101 因负载短路等原因功率过流时，必然会导致 IC101 的⑥脚电位下降，IC101 内部的超载电路动作，使 IC101 不再输出开关管激励脉冲，Q101 截止，避免了 Q101 过流损坏，实现开关管过流保护。

5. 微处理器基本工作条件电路

CPU 正常工作需具备 5V 供电、复位、时钟振荡正常的三个基本条件。

（1）5V 供电

当室外机的开关电源工作后，由其输出的 5V 电压经 C24 等电容滤波，加到微处理器 IC9 的供电端①脚，为 IC9 供电。

（2）复位

该机的复位电路由复位芯片 IC8（T600D）、C36、C37 等元件构成。开机瞬间，由于 5V 电源在滤波电容的作用下逐渐升高。当该电压低于 4.1V 时，IC8 的③脚输出低电平电压，该电压加到微处理器 IC9 的⑱脚，使 IC9 内的存储器、寄存器等电路清零复位。随着电容的不断充电，当 5V 电源超过 4.1V 后，IC8 的①脚输出高电平电压，经 C36、C37 滤波后加到 IC9 的⑱脚，使 IC9 内部电路复位结束，开始工作。

（3）时钟振荡

微处理器 IC9 得到供电后，它内部的振荡器与⑲、⑳脚外接的晶振 Y1 通过振荡产生 4MHz 的时钟信号。该信号经分频后协调各部位的工作，并作为 IC9 输出各种控制信号的基准脉冲源。

6. 存储器电路

由于该机不仅需要存储与温度相对应的电压数据，还要存储室外风扇转速、故障代码、压缩机 F/V 控制等信息，所以需要设置电可擦写存储器 IC11。下面以调整室外风扇电机转速为例进行介绍。

微处理器 IC9 通过 I^2C 总线从存储器 IC11 内读取数据后，输出控制信号，改变室外风扇电机的供电，实现室外风扇电机转速的调整。

7. 室外风扇电机电路

室外风扇电机电路见图 9-18，该机的室外风扇电机不仅可以采用交流电机，也可以采用直流电机。下面分别进行介绍。

（1）交流电机

该机的交流电机采用的是双速电机，所以采用了 2 个继电器为它的 2 个供电端子供电。其中，RL2 决定电机是否运转，而 RL1 决定电机的转速。

需要该电机运行时，IC9 的㉙脚输出高电平控制信号，该信号经 R64 加到 VT5 的 b 极，经 VT5 倒相放大后，使 RL2 内的触点闭合，为 RL1 的动触点供电，此时，即使 RL1 的线圈无供电，RL1 的常闭触点也会输出电压，使交流电机旋转。而需要改变该电机转速时，则需要 IC9 的㉚脚输出高电平控制信号，该电压经 VT4 放大后，使 RL1 内的动触点改接常开触点，为电机另一个供电端子供电，通过改变电机不同供电端子的供电，来实现电机转速的调整。

（2）直流电机

直流电机的供电由光电耦合器 IC4、IC5，放大管 VT2 等构成，该电路的工作原理与室内风扇电机相同，仅电路符号不同，读者自行分析。不过，它的调速受室外温度传感器所检测的温度高低控制。

8. 四通换向阀控制电路

由于该机是冷暖型空调，所以设置了四通换向阀对制冷剂的走向进行切换。该电路的控制过程是：当 IC9 的㉘脚输出的控制信号为低电平时，经 IC10 内的非门倒相放大后，不能为 RL3 的线圈供电，RL3 的触点断开，不为四通换向阀的线圈供电，四通阀的阀芯不动作，不改变制冷剂的流向；当 IC9 的㉘脚输出高电平后，RL3 的触点闭合，为四通换向阀供电，使四通换向阀的阀芯动作，改变制冷剂的流向。这样，通过控制四通换向阀线圈的供电，就可以实现制冷或制热状态的切换。

9. 电子膨胀阀电路

由于该机是变频空调，所以需要该机制冷剂的压力在不同的制冷温度期间是可变的，并且为了获得更好的制冷、制热效果，该机采用了电子膨胀阀作为节流器件。

需要改变制冷剂的压力时，IC9 的㉒～㉕脚输出的激励脉冲信号加到 IC10 的⑦～④脚，分别经它内部的 4 个非门倒相放大后，从 IC10 的⑩～⑬脚输出，再经连接器 CN16 输出给电子膨胀阀的步进电机，使步进电机旋转，带动阀塞上下移动，通过改变制冷剂的流量大小来改变制冷剂的压力，从而实现了制冷/制热期间得到最佳制冷/制热效果。

10. 电加热电路

该机的电加热电路由电加热器、继电器 RL4 及其驱动电路构成。制热期间，需要电加热器辅助加热时，IC9 的㉗脚输出高电平控制信号，它经 IC10②、⑮脚内的非门倒相放大后，为 RL5 的线圈提供导通电流，使 RL5 内的触点闭合，电加热器得到供电后开始对冷空气加热，确保该机在温度较低的地区也能正常制热。当 IC9 的㉗脚输出低电平控制信号时，RL5 内的触点释放，切断电加热器的供电回路，它停止加热。

加热器供电回路的 FUSE2 是熔断器，当电加热器过热或过流时，FUSE2 熔断，切断供电回路，以免电加热器或其他配件过热损坏。

知识3 室内、室外机通信电路

该机的通信电路由市电供电系统、室内微处理器 IC3、室外微处理器 IC9 和光电耦合器 IC1、IC2、IC12、IC13 等元件构成。电路如图 9-17、图 9-19 所示。

1. 供电

市电电压通过 R1 限流，利用 VD04 半波整流，再经 C6 滤波后，为光电耦合器 IC13 内的光敏管供电。

2. 工作原理

（1）室外接收、室内发送

室外接收、室内发送期间，室外微处理器 IC9 的⑥脚输出高电平控制信号，室内微处理器 IC3 的①脚输出数据信号（脉冲信号）。IC9 的⑥脚输出的高电平电压经 R41 使 VT3 导通，致使 IC13 内的发光管发光，IC13 内的光敏管相继导通。而 IC3 的①脚输出的脉冲信号经 N1 倒相放大，再经 IC1 耦合放大，利用 R17、LED1、R8、VD1 加到 IC13 的⑤脚，通过 IC13 的④脚输出，再通过 IC12 耦合后，从它④脚输出的信号经 R44 限流，C24 滤波，加到 IC9 的⑦脚。这样，IC9 就会按照室内机微处理器的要求输出控制信号使机组运行，完成室内发送、室外接收的控制功能。

（2）室外发送、室内接收

室外发送、室内接收期间，室内微处理器 IC3 的①脚输出高电平控制信号，室外微处理器 IC9 的⑥脚输出脉冲信号。IC3 的①脚输出的高电平电压经 R6 使 N1 导通，致使 IC1 内的发光管开始发光，IC1 内的光敏管受光照后开始导通，而 IC9 的⑥脚输出的数据信号通过 VT3 倒相放大，IC13 耦合，再通过 R8、C49、R5～R7、VD3、CN3/CON7、VD1 加到 IC1 的⑤脚，由于 IC1 内的光敏管处于导通状态，所以信号从 IC1 的④脚输出，再经 IC2 耦合后从它的④脚输出，利用 R12 限流，C3 滤波，加到 IC3 的②脚。这样，IC3 确认室外机工作状态后，便可执行下一步的控制功能，实现了室外发送、室内接收的控制功能。

> 💡 提 示
>
> 只有通信电路正常，室内微处理器和室外微处理器进行数据传输后，整机才能工作，否则会进入通信异常保护状态，同时显示屏显示故障代码 E7。

知识 4　制冷/制热电路

该机的制冷、制热电路由温度传感器、微处理器、存储器、压缩机驱动电路、压缩机、四通换向阀、风扇电机及其供电电路等元件构成。电路如图 9-17～图 9-19 所示。

1. 制冷电路

当室内温度高于设置的温度时，CN1 的③脚外接的室温传感器阻值减小，5V 电压通过它与 R27 取样后产生的电压增大，再通过 R24 限流，C10 滤波后，加到室内微处理器 IC3 的㉙脚。IC3 将该电压数据与存储器 IC4 内部固化的不同温度的电压数据比较后，识别出室内温度，确定该机需要进入制冷状态。此时，它的㉚脚输出室内风扇电机驱动信号，使室内风扇电机运转，同时通过通信电路向室外微处理器 IC9 发出制冷指令。IC9 接到 IC3 发出的制冷指令后，第一路通过输出室外风扇电机供电信号，使室外风扇电机运转；第二路通过㉘脚输出控制信号，使四通阀的阀芯不动作，将系统置于制冷状态，此时室内热交换器用做蒸发器，而室外热交换器用做冷凝器；第三路通过总线系统输出驱动脉冲，通过模块板上的电路解码并放大后，驱动压缩机运转；第四路通过㉒～㉕脚输出电子膨胀阀驱动信号，使膨胀阀的阀门开启度较大，实现快速制冷。随着制冷的不断运行，室内的温度开始下降，使室温传感器的阻值随室温下降而阻值增大，为 IC3 的㉔脚提供的电压逐渐减小，IC3 识别出室内温度逐渐下降，通过通信电路将该信息提供给 IC9，于是 IC9 通过总线使功率模块输出的驱动脉冲电压减小，压缩机降频运转，同时 IC9 的㉒～㉕脚输出的信号使电子膨胀阀的阀门开启度减小，进入柔和的制冷状态。当温度达到要求后，室温传感器将检测结果送给 IC3 进行判断，IC3 确认室温达到制冷要求后，不仅使室内风扇电机停转，而且通过通信电路告诉 IC9，IC9 输出停机信号，切断室外风扇电机的供电回路，使它停止运转，而且使压缩机停转，制冷工作结束，进入保温状态。随着保温时间的延长，室内的温度逐渐升高，使室温传感器的阻值逐渐减小，为 IC3 的㉔脚提供的电压再次增大，重复以上过程，机组再次运行，该机进入下一轮的制冷工作状态。

2. 制热电路

制热电路与制冷电路工作原理基本相同，主要的不同点主要有四个：一是室内微处理器 IC3 通过检测㉔脚电压，识别出室内温度较低，通过通信电路告知室外微处理器 IC9 需要进入制热状态；二是 IC9 接收到制热的指令后，通过㉘脚输出控制信号，使四通阀的阀芯动作，改变制冷剂流向，将系统置于制热状态，即室内热交换器用做冷凝器，而室外热交换器用做蒸发器；三是通过室内盘管温度传感器和室内微处理器的控制，使室内风扇电机只有在室内盘管温度升高到一定温度后才能旋转，以免为室内吹冷风；四是需要定期为室外热交换器除霜。

> ⚠ 提 示
>
> 如果四通阀不能正常切换或在制热过程中，室外热交换器的温度低于 "THHOTLTH"（-4.5℃）并持续 90s，则微处理器输出控制信号使压缩机停转，进入 3min 待机的保护状态；当热交换器的温度升高并达到 "THHOTLTH" 的温度时复位，压缩机可再次运行。此控制不包括除霜状态。

技能 1　故障自诊功能

为了便于生产和维修，该机的室内机、室外机电路板具有故障自诊功能。当该机控制电路中的某一器件发生故障时，被微处理器检测后，通过电脑板上的指示灯显示故障代码，来提醒故障发生部位。

1. 室内机故障代码

室内机故障代码与含义如表 9-10 所示。

表 9-10　室内机故障代码

故 障 代 码	含　　　义	故 障 代 码	含　　　义
E1	室温传感器异常	E9	过载
E2	室内盘管传感器异常	E10	湿度传感器异常
E4	E²PROM 存储器异常	E14	室内风机故障
E7	室内机、室外机通信异常		

▶2. 室外机故障代码

室外机故障代码与含义如表 9-11 所示。

表 9-11　室外机故障代码

故障代码（室外机传给室内机，通过室内机液晶屏显示）	室外机指示灯闪烁次数	含　义	备　注
F12	1	E^{2}PROM 存储器异常	立即报警，断电后才能开机
10min 内确认 3 次后显示 F1	2	IPM 异常保护	来自模块板
30min 内确认 3 次后显示 F22	3	AC 电流过流保护	室外板 AC 电流过流
F3	4	室外机电路板与模块板通信异常	
F20	5	压机过热\压力过高保护	来自模块板
F19	6	电源过压/欠压保护	模块的 300V 供电
10min 内确认 3 次后显示 F27	7	压缩机堵转/瞬停保护	来自模块板
F4	8	压缩机排气温度异常保护	30min 内确认 3 次
30min 内确认 3 次后显示 F8	9	室外风机异常保护	
F21	10	室外除霜温度传感器异常	249≤Te；Te≤05H
F7	11	室外吸气温度传感器异常	249≤Ts；Ts≤05H
F6	12	室外环境温度传感器异常	249≤Tao；Tao≤05H
30min 内确认 3 次后显示 F25	13	压缩机排气温度传感器异常	249≤Td；Td≤05H 开机 4min 后检测，30min 内确认 3 次故障，则断电后才能再次启动
F30	14	压缩机吸气过高	开机 10min 后检测 Ts 持续 5min 大于 40℃（压缩机停转，不检测）
E7	15	室内机、室外机通信异常	
F31	16	压缩机振动过大	瑞萨方案无
F11	17	压缩机启动异常	
F11	18	压缩机运行失步/脱离位置	来自模块板
10min 内确认 3 次后，显示 F28	19	位置检测回路故障	
F29	20	压缩机损坏	瑞萨方案无
E9	21	室内机过载停机	室外灯闪，向室室内机传送
无	22	室内机防冰霜停机	室外灯闪，不向室内机传送
	23	室内 Tc1 异常	Tc1 为 FF，表明有故障。故障现象为不停机，制冷时默认为 5℃，制热时默认为 40℃
	24	压缩机电流过流	来自压缩机驱动模块板
	25	相电流过流保护	室外电路板相电流过流

技能 2　室内机单独运行的方法

先将遥控器设定为制热高风，温度设定为 30℃，通电后，在 7s 内连续按 6 次睡眠键，蜂鸣器鸣叫 6 声后，室内机就会单独运行。

室内机单独运转期间，不对室外机通信信号进行处理，但始终向室外机发送通信信号，通信信号是输出频率为 58Hz、室内热交换温度固定在 47℃等信息。

需要退出单独运行模式时的方法有三种：一是用遥控器关机，二是按应急键关机，三是拔掉电源线再插入即可。

技能 3　主要元器件的检测

▶ 1. 温度传感器

该机室内环境温度传感器、室内盘管温度传感器在 5~35℃时的阻值如表 9-12 所示。若测量的阻值不能随温度升高而减小，则说明被测的传感器异常。

表 9-12　室内环境温度传感器、室内盘管温度传感器典型温度时的阻值

室内温度/℃	5	10	15	20	25	30	35
室内环温传感器/kΩ	61.51	47.58	37.08	29.1	23	18.3	14.65
室内盘管传感器/kΩ	24.3	19.26	15.38	12.36	10	8.141	6.668
说明	不同温度下传感器阻值的误差为±3%						

▶ 2. 风扇电机

下面以章丘产海尔空调为例，介绍风扇电机的检测方法。

1）室内风扇电机的阻值：主绕组的阻值为 285Ω±10%，副绕组的阻值为 430Ω±10%。

2）室外风扇电机的阻值：主绕组的阻值为 269Ω±10%，副绕组的阻值为 336Ω±10%。

3）步进电机的阻值：常州雷利型步进电机的红线与其他几根接线间阻值都为 300Ω±20%。

测量这三个电机绕组阻值时，若阻值为无穷大，说明绕组或接线开路；若阻值过小，说明绕组短路。

技能 4　常见故障检修

▶ 1. 整机不工作

整机不工作是插好电源线后室内机上的指示灯、显示屏不亮，并且用遥控器也不能开机。该故障主要是由于室内机电源电路、微处理器电路异常所致。故障原因根据有无 5V 电压又有所不同，没有 5V 电压，说明市电输入系统、室内电路板上的电源电路异常；若 5V 供电正常，说明微处理器电路异常。整机不工作，无 5V 电压的故障检修流程如图 9-22 所示；整机不工作，有 5V 电压的故障检修流程如图 9-23 所示。

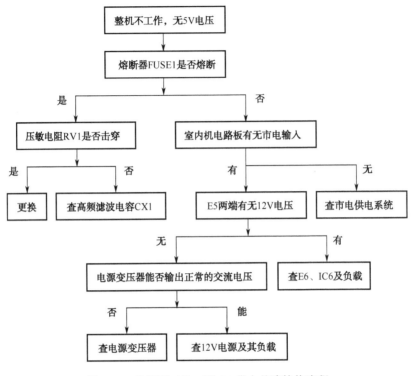

图 9-22　整机不工作，无 5V 供电故障检修流程

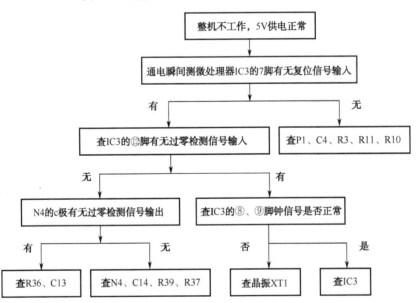

图 9-23　整机不工作，5V 供电正常故障检修流程

▶ 2. 显示故障代码 E1

通过故障现象分析，该机进入室内温度传感器异常保护状态。该故障的主要原因：一是室内温度传感器阻值偏移，二是连接器的插头接触不好，三是阻抗信号-电压信号转换电路异常，四是室内存储器 IC4 或微处理器 IC3 异常。该故障检修流程如图 9-24 所示。

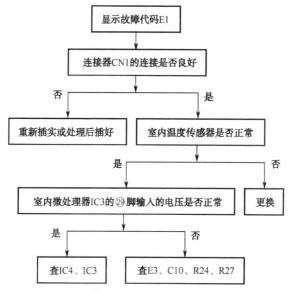

图 9-24 显示故障代码 E1 故障检修流程

提 示

室温传感器或 E3、C10、R24、R27 异常还产生制冷/制热温度偏离设置值的故障，也就是制冷/制热不正常的故障。

3. 显示故障代码 E2

通过故障现象分析，该机进入室内盘管传感器异常保护状态。该故障的主要原因：一是室内盘管温度传感器异常；二是连接器的插头接触不好；三是阻抗信号-电压信号转换电路异常；四是室内存储器 IC4 或微处理器 IC3 异常。该故障检修流程如图 9-25 所示。

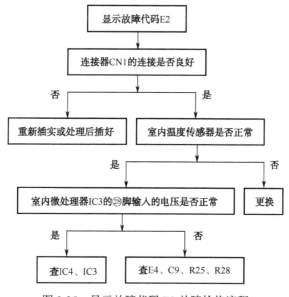

图 9-25 显示故障代码 E2 故障检修流程

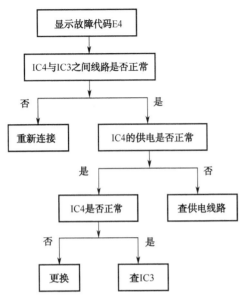

图 9-26　显示故障代码 E4 故障检修流程

4. 显示故障代码 E4

通过故障现象分析，该机进入室内存储器异常保护状态。该故障的主要原因：一是室内存储器异常；二是室内存储器 IC4 与微处理器 IC3 之间电路异常；三是 IC3 异常。该故障检修流程如图 9-26 所示。

5. 显示故障代码 E7

通过故障现象分析，说明该机进入室内机、室外机通信异常保护状态。引起该故障的主要原因：一是附近有较强的电磁干扰；二是室内机与室外机的连线异常；三是室内电脑板的微处理器异常；四是室外电路板的电源电路异常；五是室外微处理器电路异常；六是 IPM 模块电路异常；七是 300V 供电异常；八是通信电路异常。该故障检修流程如图 9-27、图 9-28 所示。

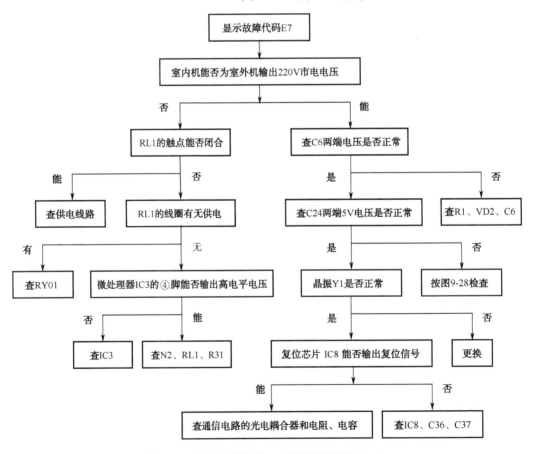

图 9-27　显示故障代码 E7 故障检修流程（一）

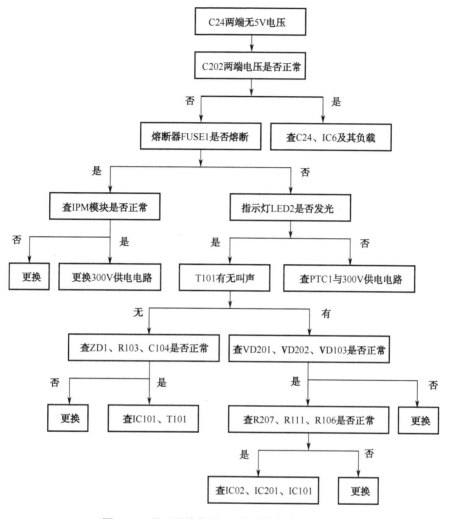

图 9-28　显示故障代码 E7 故障检修流程（二）

> **提示**
>
> 　如果 300V 供电在开机初期正常，后期不正常，应检查 PTC1 是否温度过高，如果是，则要检查 RL4 及其驱动电路。

6. 显示故障代码 E14

通过故障现象分析，该机进入室内风扇电机异常保护状态。该故障的主要原因：一是室内风扇电机异常；二是室内风扇电机的供电电路异常；三是室内风扇电机运行电容异常；四是 PG 信号检测电路异常；五是市电过零检测电路异常；六是室内存储器 IC4 或微处理器 IC3 异常。该故障检修流程如图 9-29 所示。

7. 显示故障代码 F1

通过故障现象分析，该机进入 IPM 模块异常保护状态。引起该故障的主要原因：一是

300V 供电异常；二是 15V 供电异常；三是自举升压供电电路异常；四是功率模块异常；五是室外微处理器 IC9 或存储器 IC11 异常。该故障检修流程如图 9-30 所示。

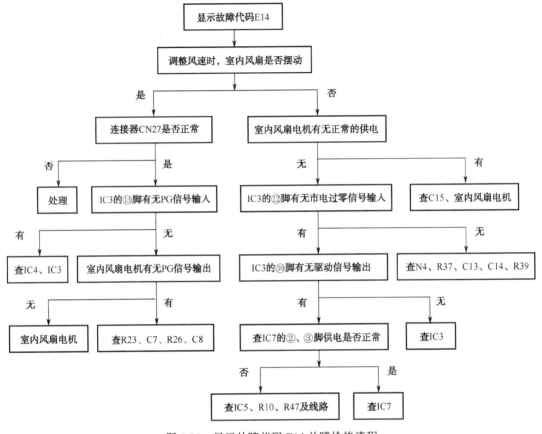

图 9-29　显示故障代码 E14 故障检修流程

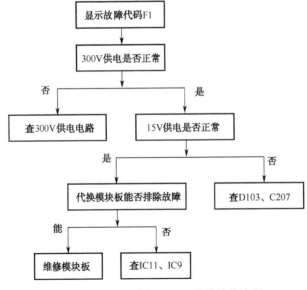

图 9-30　显示故障代码 E14 故障检修流程

8. 显示故障代码 F3

通过故障现象分析，说明该机进入室外机电路板与模块通信异常保护状态。该故障的主要原因：一是室外机电路板与模块间线路异常；二是模块板电路异常；三是室外存储器 IC11 或室外微处理器 IC9 异常。该故障检修流程如图 9-31 所示。

9. 显示故障代码 F4

通过故障现象分析，说明该机进入压缩机排气温度过高保护状态。该故障的主要原因：一是制冷系统异常；二是压缩机排气管温度检测电路异常；三是压缩机异常；四是室外存储器 IC11 或室外微处理器 IC9 异常。该故障检修流程如图 9-32 所示。

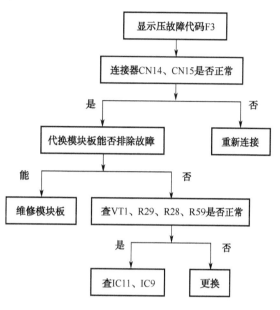

图 9-31　显示故障代码 F3 故障检修流程

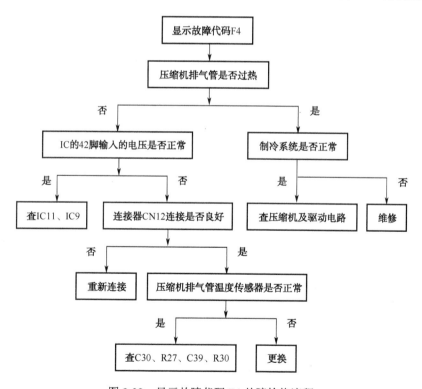

图 9-32　显示故障代码 F4 故障检修流程

10. 显示故障代码 F19

通过故障现象分析，说明该机进入供电异常保护状态。该故障的主要原因：一是市电电压异常；二是电源插座、电源线异常；三是市电检测电路异常；四是室外存储器 IC11、室外微处理器 IC9 异常。该故障检修流程如图 9-33 所示。

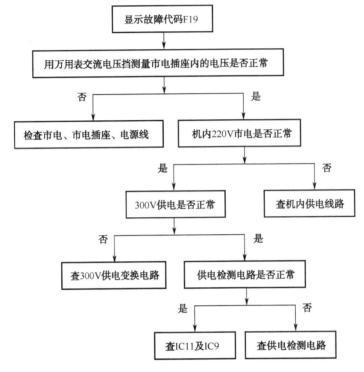

图 9-33　显示故障代码 F19 故障检修流程

思　考　题

1．简述变频空调器的特点、工作原理。

2．变频压缩机与定频压缩机的检测有什么不同？

3．IPM 如何检测？电子膨胀阀如何节流的？

4．分析变频空调的室外机供电电路原理？为什么 PTC 型限流电阻需要设置由继电器等构成的控制电路？

5．分析变频空调器的室外风扇电机运行原理。

6．变频空调器的通信电路是如何工作的？

7．简述变频空调器的运行模式、保护模式。

8．分析海尔 KFR-256/35GW/CA 型变频空调器主要电路工作原理。如何检修该机整机不工作故障？如何检修显示故障代码 E1 的故障？如何检修显示故障代码 E2 的故障？如何检修显示故障代码 E4 的故障？如何检修显示故障代码 E7 的故障？如何检修显示故障代码 E14 的故障？如何检修显示故障代码 F1 的故障？如何检修显示故障代码 F3 的故障？如何检修显示故障代码 F4 的故障？如何检修显示故障代码 F19 的故障？

反侵权盗版声明

电子工业出版社依法对本作品享有专有出版权。任何未经权利人书面许可，复制、销售或通过信息网络传播本作品的行为，歪曲、篡改、剽窃本作品的行为，均违反《中华人民共和国著作权法》，其行为人应承担相应的民事责任和行政责任，构成犯罪的，将被依法追究刑事责任。

为了维护市场秩序，保护权利人的合法权益，我社将依法查处和打击侵权盗版的单位和个人。欢迎社会各界人士积极举报侵权盗版行为，本社将奖励举报有功人员，并保证举报人的信息不被泄露。

举报电话：（010）88254396；（010）88258888

传　　真：（010）88254397

E-mail：　dbqq@phei.com.cn

通信地址：北京市万寿路 173 信箱

　　　　　电子工业出版社总编办公室

邮　　编：100036